JN207015

浄化槽を活用した汚水処理事業
―人口減社会に対応した生活排水対策―

小川　　浩　編著

岩堀　恵祐　　加藤　裕之　　国安　克彦　　遠藤　誠作
森　智志　城戸　正輝　細井　由彦　著

産業用水調査会

執筆者一覧

（＊は編著者）

小川　　浩*	常葉大学社会環境学部教授
岩堀　恵祐	公立大学法人宮城大学副学長（研究担当） 食産業学部（環境科学系所属）教授 （(一財)日本建築センター浄化槽審査・評定委員会委員長）
加藤　裕之	(公財)日本環境整備教育センター 企画情報グループサブリーダー
国安　克彦	(公財)日本環境整備教育センター 理事
遠藤　誠作	北海道大学大学院公共政策学研究センター研究員
森　　智志	㈱NJS 東部支社東京総合事務所環境マネジメント部
城戸　正輝	(一社)兵庫県水質保全センター 常務理事
細井　由彦	鳥取大学理事（企画・評価担当，広報担当）・副学長

発刊にあたって

　し尿を単に汚物として捉える欧米諸国と異なり，わが国は農地に還元し，きわめて価値ある資源として取り扱ってきた。明治時代に入り，防疫対策や経済の発展に伴って，便所は水洗化されるようになった。1896（明治29）年には，「塵芥汚物掃除法案」と「下水法案」が内務大臣より中央衛生会に諮問され，「塵芥汚物掃除法案」は「汚物掃除法案」として汚物管理を含む一般法に，「下水法案」は近代下水道の整備に限定した特別法として位置付けられた。「下水法案」の対象は大都市，「汚物掃除法案」の対象は大都市以外の地域の汚水であり，1900（明治33）年には「下水法案」から「下水道法」に改められたが，し尿は適用除外であった。ここに，今日までも連綿と続く汚水処理の二元行政のスタート地点があるといえる。

　下水道や農業集落排水施設などの"集合処理"と浄化槽による"個別処理"が，公共用水域および生活環境の保全，公衆衛生の向上に寄与していることは論を待たない。しかし，先に述べたような経緯から，わが国の生活排水処理システムは，処理の目的，処理方式，対象地域やその人口，事業実施主体の他，根拠法令，所管官庁も異なる複雑な体系から構成され，制度的な規定や取り扱いも多岐にわたっている。処理性能について一例を述べると，下水道では水質汚濁防止法の適用を受けるので消毒後の放流水を測定するが，浄化槽では生物処理機能の把握が目的であるので，塩素消毒の影響を避けるために消毒前の処理水を測定している。

　このような史的背景に鑑み，2007（平成19）年9月に，社会情勢の変化等の反映や連携の強化，住民の意向の把握を目途に，国土交通省・農林水産省・環境省の連名で都道府県構想の見直しに関する通知が行なわれた。2010（平成22）年4月には，三省の政務官による「今後の汚水処理のあり方に関する検討会」が設置され，2014（平成26）年1月には，三省連携による「持続的な汚水処理システム構築に向けた都道府

県構想策定マニュアル」が公表された。その概要は，つぎのように要約できる。

1) 人口減少や厳しい財政事情等を踏まえ，都道府県構想の徹底した見直しを行なうため，汚水処理を所管する三省が統一して作成した初のマニュアルである。

2) 汚水処理施設の整備区域の設定は，経済比較を基本としつつ，今後10年程度を目標に，「地域のニーズおよび周辺環境への影響を踏まえて，各種汚水処理施設の整備が概ね完了すること」を目指し，効率的かつ適正な整備手法の選定と早期整備の観点から弾力的な対応を検討するとともに，地域特性・住民の意向・人口減少等の社会情勢の変化も勘案する。

3) 未整備地区の整備手法だけでなく，長期的(20〜30年)な観点から，既整備地区の効率的な改築・更新や運営管理手法についても併せて検討する。

このマニュアルの趣旨に則り，静岡県では2014(平成26)年3月に生活排水処理長期計画を策定した。筆者は，この検討委員会の委員長として，長期計画の見直しを行なったが，人口減少と高齢化などの社会情勢の変化や市町村合併による行政区域の再編，厳しい地方行政などを考慮すべきであり，また今後の生活排水の対策には，人口密度の低い地域を中心とした処理施設の整備を促進させなければならないことを痛感した。その整備手法として，浄化槽の果たす役割は重要となる。

本書では，分散型汚水処理システムとしての浄化槽に着目し，わが国の生活排水処理システムの概論に始まり，汚水処理事業の経営と財政上の課題，将来推計人口からみた施設整備，公営企業化，民活とPFI事業，都道府県構想策定マニュアル，見直し事例，人口減少社会における課題などが平易かつ具体的に解説されている。

浄化槽は，下水道未整備地域における便所の水洗化により生活水準の向上に貢献してきたが，合併処理の適用規模の小型化，高度処理や省エネ性能の向上を含む新たな技術の導入など，生活排水対策を起点に水環境保全対策としての「環境装置」として，その役割は大きく変

化してきた。今後，「都道府県構想」のもと，地域特性や地域の実情などを考慮に入れて総合的に推進することが必定であり，さらに，地域に即した計画，管理の形態を追求する視点が重要になってくる。

　本書は，このような意味で時宜に適した解説書であり，汚水処理関連に従事される人びとの伴侶としてはもちろん，環境インフラとしての水処理システムに関心をもたれている方々にも格好の参考書として推薦する。

　　2019年 3 月吉日

公立大学法人宮城大学 副学長（研究担当）

食産業学群（環境科学系所属）教授

岩堀　恵祐

（(一財)日本建築センター浄化槽審査・評定委員会委員長）

第1章

わが国における生活排水処理システム

1.1　生活排水処理施設整備事業の概要

　わが国の生活排水処理システムは，汚水処理の目的，処理方式，対象地域やその人口，事業実施主体の他，根拠法令，所管官庁も異なる複雑な体系で構成され，制度的な規定や取り扱いも多岐にわたっている。

　図1.1に示すように15種類に分類され，各事業の実施数は公共下水道が最も多く，1,189事業となっており，次いで，農業集落排水施設の912事業，特定環境保全公共下水道の752事業，特定地域生活排水処理施設の281事業，漁業集落排水施設の170事業，個別排水処理施設の148事業，小規模集合排水処理施設の79事業，流域下水道の46事業，林業集落排水施設の26事業，簡易排水施設の26事業，特定公共下水道の10事業の順となっている[1]。

　さらに，その他の事業として，個人設置型浄化槽とコミュニティ・プラントがある。コミュニティ・プラントとは，地方公共団体，公社，民間開発者などの開発行為による住宅団地等に設置された汚水処理施設であり，設置については建築基準法，維持管理については廃棄物の処理及び清掃に関する法律（以下，

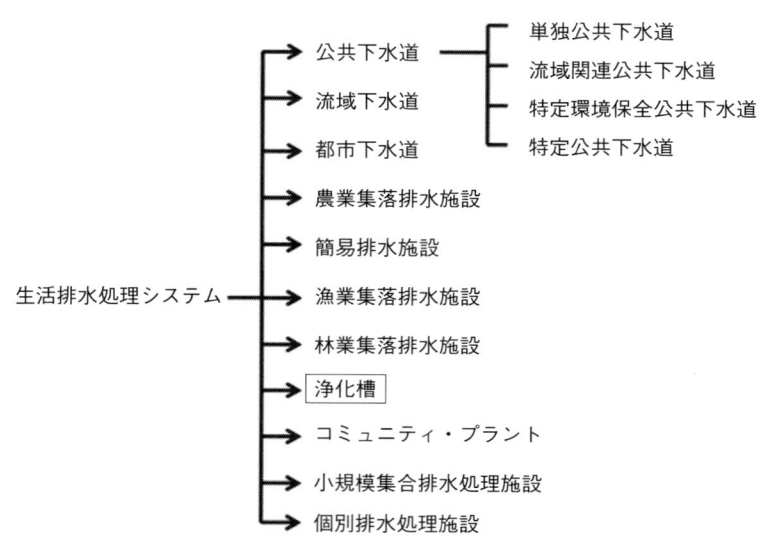

図1.1　生活排水処理システムの種類

廃棄物処理法）に基づき，市町村が実施している施設である。

　これら事業のおもな特徴は，表1.1に示すとおりである。

　生活排水処理を進めるに当たっては，処理対象区域の特性を踏まえ，どのシステムを選択することが妥当であるか，すなわち個別処理または集合処理による評価が必要とされる。

　集合処理とは，離れた建築物から排出される生活排水を管渠で集水し，処理区域ごとに一括して処理する方法であり，公共下水道，農業集落排水施設，漁業集落排水施設，林業集落排水施設，コミュニティ・プラントが位置付けられる。一方，個別処理は建築物と同一の敷地内で生活排水を処理する方法であり，具体的には小型浄化槽を中心に各戸ごとに整備を進めていくことになる。さらに，利用者が多い集合住宅や複数の建築物であるが，機能的に１つとみなせる公共施設，店舗，学校，病院などから排出される生活排水を，それぞれの敷地内で受け入れる施設も個別処理として分類される。なお，浄化槽には，水洗便所汚水だけを処理対象とする単独処理浄化槽（現在，みなし浄化槽という）も含まれるが，生活雑排水を処理していないことから，生活排水処理システムには含まない。

1.2　生活排水処理の現状

　生活排水処理施設整備は，整備区域，整備方法，整備スケジュールなどを設定した都道府県構想に基づき地方公共団体が効率的，効果的に実施している。2016年度末現在の汚水処理人口普及率は90.4％に達しているが，その内訳は，下水道が78.3％（9,982万人），農業集落排水施設等が2.8％（352万人），浄化槽が9.2％（1,175万人），コミュニティ・プラントが0.17％（22万人）であり，未だに約1,200万人が未整備のままである[3]。

　この汚水処理人口普及率[3]を都道府県ごとにみると，最も低いのが徳島県の58.9％，次いで和歌山県の62.2％となっており，90％を超過している都道府県と比べて地域格差も著しい状況である。このような普及率の低い県ほど，集合処理または個別処理による整備を効率的に促進させることが求められている。

表1.1　各種生活排水システムの事業概要および特徴

所管		分類	事業主体	計画人口
環境省		コミュニティ・プラント	市町村	101人以上30,000人以下
		合併処理浄化槽	市町村（個人設置型） 　浄化槽設置整備事業 ※補助事業以外の個人設置 　型を含む	制限なし
			市町村（市町村設置型） 　浄化槽市町村整備推進事 　業	原則，20戸以上
総務省		小規模集合排水処理施設	市町村	10戸以上20戸未満
		個別排水処理施設	市町村	単年度当たり20戸未満
農林水産省		農業集落排水施設	市町村（県，土地改良区）	20戸以上1,000人程度
		簡易排水施設	市町村	10戸以上20戸未満
	水産庁	漁業集落排水施設	市町村	100人以上1,000人程度 以下
	林野庁	林業集落排水施設	市町村	20人以上1,000人程度以 下
国土交通省		公共下水道	市町村（過疎代行制度は県）	制限なし
		特定環境保全公共下水道	市町村（過疎代行制度は県）	制限なし

事業の進め方の特徴	普及している地域または 普及しやすいと考えられる地域
新規に開発される団地や住宅地域，農山漁村の既存の小集落などの面的整備を行なう	・新規に団地等が開発される地域 ・地域や集落ごとに生活排水を処理することが適当な地域
新規に開発された土地，新築建物などに設置する。また，既存の住宅建物の汲み取り便所，単独処理浄化槽を敷設替えする。各戸別の小規模なものから大規模なものまで設置者の事情に合わせて選択できる	・新規に団地等が開発される地域 ・増改築が行なわれる建物等 ・地域や集落または各戸別に生活排水を処理することが適当な地域 ・住民参加による生活排水処理の推進が進められている地域
市町村が設置主体となって合併処理浄化槽の面的整備を行なう	・水道原水水質保全事業の実施の促進に関する法律に基づく都道府県計画に定められた合併処理浄化槽整備地域 ・湖沼水質保全特別措置法に基づく指定地域または水質汚濁防止法に基づく生活排水対策重点地域 ・過疎地域 ・山村振興地 ・農業振興地域内の農業集落徘水施設処理区域周辺地域
市町村が汚水等を集合的に処理する施設である	・農業振興地域に指定されていたが，1995年度からは限定なし
市町村が設置主体となって個別合併処理浄化槽の面的整備を行なう	・生活排水対策の緊急性が高い小規模集落
農業振興地域の集落の面的整備を行なう	・農業振興地域に集落が発達している地域
山村振興特別対策事業のメニュー事業	・同左事業の認定地区を対象とする
漁業集落の面的整備を行なう	・漁港法により指定された漁港の背後集落
山村地域の面的整備を行なう	・林業地域総合整備事業実施地区の林業集落
都市の市街地，団地，住宅地などの人口密集地区において面的整備を進める	・既成都市の中心部 ・都市住宅等の開発地域 ・流域下水道幹線がある都市
自然公園，水源地と農山漁村の集落の整備を行なう	・河川や山の斜面に沿って集落が発達している地域

1.3　個別処理と集合処理

　個別処理と集合処理の特徴をつぎの観点でまとめると，**表1.2**に示すとおりとなる。

- ①整備計画
- ②整備効果
- ③処理施設の規模と維持管理
- ④地形の影響
- ⑤整備適正地域
- ⑥既設施設の改廃を含む変更
- ⑦震災時の被害
- ⑧循環型社会の構築

　これまで，下水道は公営事業，浄化槽は民間事業として進められ，とくに都市計画法では下水道計画を中心とした整備計画であったが，社会情勢が著しく変化し，事業主体である地方自治体の財政難や人口減少社会の到来により，現計画を進捗することが困難となることから，生活排水処理施設整備計画の変更が求められている。そのため，従来の集合処理計画区域の縮小や個別処理へ転換する未整備地域も出現してきている。

1.4　生活排水処理計画策定のフロー

　生活排水処理計画策定の基本的なフローを**図1.2**に示す。全国の各市町村では，すでに各種の生活排水処理整備が行なわれており，未整備地区を今後どのように整備していくかという段階になっている。そこで，各市町村では，まず「A. 地域の概要（現状）の把握」を行なうことになる。現状で人口，世帯数，産業の動態に併せて生活排水処理施設の整備状況等を把握し，未整備地域を抽出する。そのさい，汚水の処理に伴い発生する汚泥の処理の現状を把握することも重要である。一部事務組合で汚泥を処理している場合には，関係市町村との調整が必要となる。

　つぎに，「B. 地域の将来計画」を検討し，未整備地域の将来像を描くことになる。これは，通常市町村では数年ごとに「市町村のマスタープラン」等を策

表1.2　個別処理と集合処理の特徴

	個別処理	集合処理
整備計画	①整備計画の見直しに柔軟性がある。 ②市町村において，経費負担の予算化が難しい，過剰な設備投資になりにくい。 ③建設費が安価であるが，維持管理費が高額となる。 ④処理施設が敷地内になるため，住民の事前説明が必要である。 ⑤処理水を面的に放流し，水路，河川等による希釈効果が期待できるため，高度な処理性能が要求されない。	①整備計画策定に慎重な検討が必要である。 ②市町村において，経費負担の予算化が容易であるが，過剰な設備投資になりやすい。 ③管路工事を伴うため，建設費が高額となるが，維持管理費が安価となる。 ④処理施設の用地確保と管路工事を実施するため，住民説明および合意形成が必要である。 ⑤多量の処理水を一点放流するため，放流先の水質と同程度の処理水質が要求される。
整備効果	①整備効果の発現が早く，住民が実感しやすい。（生活・環境実感型施設） ②水環境に対する住民の意識向上が期待できる。 ③身近な水路，河川の水量維持につながる。 ④地元企業の活性化につながる。	①整備効果の発現に時間を要し，住民の実感が得にくい。 ②水環境に対する住民の意識向上につながりにくい。 ③地元企業の活性化につながりにくい。
処理施設の規模と維持管理	①処理水量当たりの施設容量が大きい。 ②処理対象建築物の排水特性に合わせた維持管理が必要である。 ③放流水量が少なく，公共用水域の水質に及ぼす影響が小さく，巡回管理で対応可能である。 ④維持管理が個人に一任されるため，適正な維持管理が実施されないことがある。	①処理水量当たりの施設容量が小さい。 ②事業系排水の割合が高くなければ，流入水質は比較的安定し，維持管理が容易となる。 ③放流水量が多いと，公共用水域の水質に及ぼす影響が大きく，常駐管理体制が必要である。 ④維持管理の主体は自治体であるため，確実に実施される。
地形の影響	①建設費は，地形や地質の影響を受けにくい。	①建設費は，地形や地質の影響を受けやすい。
整備地域	①設置場所と放流先が確保できれば，すべての地域に適している。	①DID（p.57を参照）地区や人口増加地域に適している。
施設の更新等	①廃止は，施設ごとに対応可能である。 ②施設の更新，処理水質の高度化は，所有者の同意が必要となり，対応が難しい。	①転居，空き家が増加すると，併用済み人口が減少し，流入汚水量も減少する。 ②施設の更新，改造は，市町村で対応できるが，財政上の問題を有する。
震災時の対応	①震災に強い。修復が短期間で済む。 ②震災時，本体の損傷がなければ，仮設トイレとしての活用も可能である。	①震災に弱い。修復までに長期間を要する。 ②他のライフラインに比較して，復旧に時間を要する。
循環型社会の構築	①地域の有効なリサイクル施設として位置付けられる。 ②余剰汚泥の収集運搬体制の構築が必要である。	①処理施設周辺地域のリサイクル施設として位置付けられる。 ②余剰汚泥の処置も施設内で行なわれるが，汚泥の利活用体制を確立する必要がある。

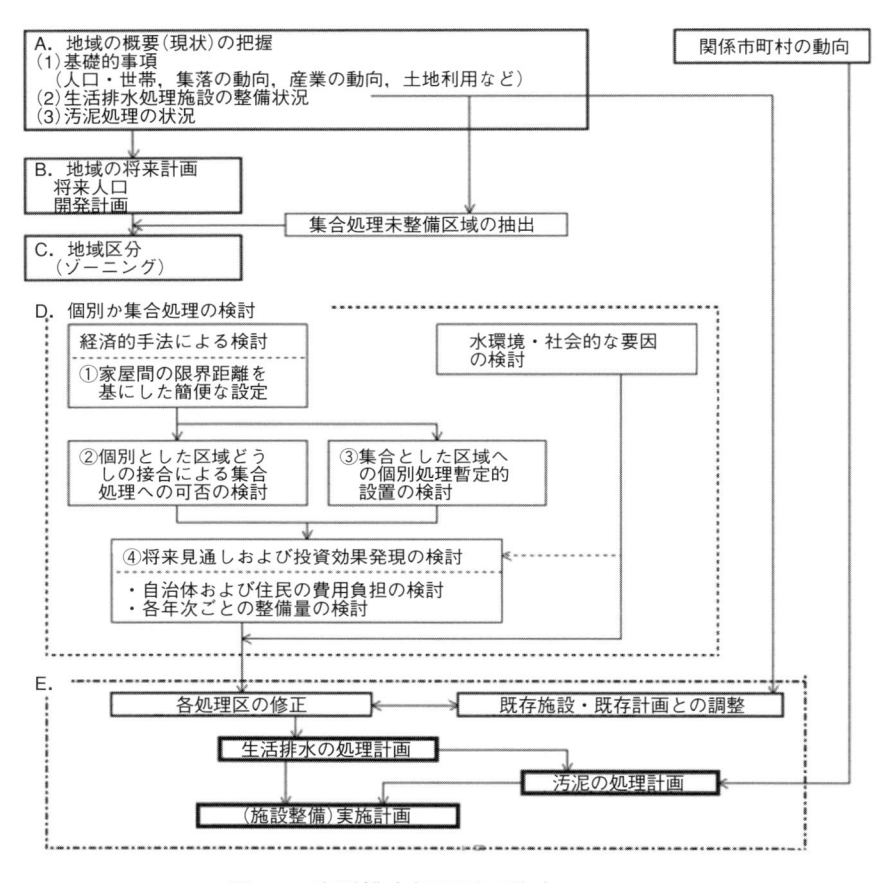

図1.2　生活排水処理計画策定のフロー

定しているが，これらとの整合性を図ることを意味している。これらの調整が
終わった後，未整備地域を区分（ゾーニング）し，どのような手法で処理するか，
すなわち「D.　個別か集合処理の検討」を行なうことになる。そのさい，①経
済的要因，②社会的要因，および③投資効果発現の迅速性などの要因を検討し，
個別処理で行なうか，集合処理で行なうかの整備手法を決定することになる。
2000年10月に環境省，農林水産省および国土交通省の三省合同で出された「汚
水処理施設の効率的な整備の推進について」（2002年1月に費用関数の修正が行

なわれている）の通知は，これらの検討要因のうち，経済的要因を検討するさいの基本諸元を示したものである。手法が決定後，具体的な「E.　各処理区の修正，既存計画との調整，施設整備計画の策定」を行なうことになる。

その後，2014年1月に先の三省による「持続的な汚水処理システム構築に向けた都道府県構想策定マニュアル」が提示された。この通知は，近年の社会情勢を踏まえた経済性，効率性を考慮し，残された未整備区域に時間軸を盛り込んだ生活排水処理施設の整備手法を提示したものである。

1.5　個別処理および集合処理に係わる比較検討

設定した区域ごとに個別処理と集合処理の検討要因は，

① 経済的要因

② 社会的要因

③ 投資効果発現に至る時間的条件

④ 地域環境保全効果

などがある。これらの要因のうち，なにを最優先とするかは地域の実情に応じて異なる。たとえば，集合処理を行なう場合，住民の合意形成（社会的要因）が大きな比重を占める。仮に，個別処理よりも集合処理のほうが経済的に有利な地域であっても，住民の合意が得られない場合は，個別処理を考えることになる。

つぎに，要因ごとの検討事項および留意点を述べる。

1.5.1　経済的要因の検討

生活排水処理施設に必要な費用は，表1.3に示す建設費用および維持管理費用である。

それぞれの費用は，「2000年10月の三省合同通知[4]」（表1.4参照）に示されている。ただし，本通知に示された費用には，集合処理のうち中継ポンプ場，用地費，補償費などについては，地域の条件により大きく異なることから費用として計上されていない。また，これらの費用関数はあくまでも，全国平均ベースから導き出されていることから，実績値や近隣市町村の事例があれば，それらを参考にすることが望ましい。

個別処理，すなわち浄化槽は建築物ごとに設置するため，5人槽または7人

表1.3　生活排水処理施設整備に要する費用

項目	個別処理	集合処理	共通
建設費	処理施設	処理施設 管渠 ポンプ場 用地費，補償費など	宅地内配管 便所の改造
維持管理費	処理施設 保守点検料金 清掃料金 法定検査料金 電気料金	処理施設 管渠 ポンプ場	

　槽の建設費および維持管理費を示している。設置する人槽はJIS A 3302（処理対象人員算定基準）に基づき算定するが，建築物の延べ面積が130m²以下であれば5人槽とし，130m²を超えれば7人槽を選択する。ただし，実使用人員が人槽と著しく異なる場合は，人槽の増減が可能とされていることから，実使用人員を把握しておくことが望ましい。

　管渠の建設費用は，管径や埋設深度によって大きく異なるため，実際の費用を算出するには，地質調査も含めた実施設計が必要となる。個別処理施設も埋設深度によっては，流入（あるいは放流）ポンプ槽が必要となる場合があり，通知に示された金額と著しく異なる場合がある。

　一般に，集合処理施設は個別処理施設に比べて，建設費および管理費ともスケールメリットが生じて1人当たりの整備費用は低額となる。ところが，集合処理は管渠を敷設し，集水する必要があることから，管渠の延長距離が長いとスケールメリットが相殺され，個別処理のほうが有利となる。そのような個別処理と集合処理の費用が一致する管渠の限界距離を「家屋間限界距離」とし，それを集合処理と個別処理の限界点としている。すなわち，集合処理と個別処理の費用が等しくなる家屋間管渠距離を求めるものである。

1.5.2　社会的要因の検討

　住民の合意形成の問題が大きな比重を占める。個別処理よりも集合処理のほうが経済的である地域でも，地域すべての合意が容易には得られない場合には，個別処理として浄化槽を整備することが効果的である。合意形成が比較的容易な場合には，コミュニティ・プラント等が有用である。

表1.4　経済比較に用いられる費用関数[4]

処理場	建設費	下水道	$Q_d < 300$	$C_T = 1,468 \times Q_d^{0.49}$
			$300 \leq Q_d \leq 1,300$	$C_T = 50,500 \times (Q_d/1,000)^{0.64}$
			$1,400 \leq Q_d \leq 10,000$	$C_T = 138,000 \times (Q_d/1,000)^{0.47} \times (103.3/101.5)$
			$10,000 \leq Q_d \leq 500,000$	$C_T = 155,000 \times (Q_d/1,000)^{0.58} \times (103.3/101.5)$
				ただし，C_T：処理場建設費（万円）
				Q_d：日最大汚水量（m³/d）
		集落排水	$Y = 227.12 \times X^{0.6663}$	
				ただし，Y：処理場建設費（万円）
				X：計画人口（人）
	維持管理費	下水道	$Q_d < 300$	$M_T = 16.6 \times Q_d^{0.66}$
			$300 \leq Q_d \leq 1,300$	$M_T = 1,900 \times (Q_d/1,000)^{0.78}$
			$1,400 \leq Q_d \leq 10,000$	$M_T = 2,860 \times (Q_d/1,000)^{0.58} \times (103.3/101.5)$
			$10,000 \leq Q_d \leq 500,000$	$M_T = 1,880 \times (Q_d/1,000)^{0.69} \times (103.3/101.5)$
			（焼却なし）	ただし，M_T：処理場維持管理費（万円/年）
				Q_d：日最大汚水量（m³/d）
		集落排水	$Y = 3.7811 \times X^{0.6835}$	
				ただし，Y：処理場維持管理費（万円/年）
				X：計画人口（人）
管渠	建設費	下水道	面整備管6.3万円/m（ただし，圧送管4.5万円/m）	
		集落排水	自然流下管5.6万円/m	
	維持管理費	下水道	60円/m・年	
		集落排水	31円/m・年	
マンホールポンプ	建設費	下水道	920万円/基（機械電気設備のみ，ポンプ設備は2台）	
	維持管理費	下水道	22万円/基・年	
浄化槽	建設費		5人槽　$C_J = 83.7$万円/基	
			7人槽　$C_J = 104.3$万円/基	
	維持管理費		5人槽　$M_J = 6.5$万円/基・年	
			5人槽　$M_J = 7.7$万円/基・年	

※日最大汚水量が300m³/d未満，300m³/d以上1,300m³/d以下の下水道の処理場は，濃縮または直接脱水までの汚泥処理を行なっているオキシデーションディッチ法（プレハブ式）の施設である。

※日最大汚水量が1,400m³/d以上10,000m³/d以下の下水道の処理場は，直接脱水の汚泥処理を行なっているオキシデーションディッチ法（現場打ち）の施設である。

※日最大汚水量が10,000m³/d以上50,000m³/d以下の下水道の処理場は，分離濃縮と脱水の汚泥処理を行なっている標準活性汚泥法の施設である。

※処理場の建設費には，用地費，放流管などの費用も必要に応じて計上する。

※浄化槽の建設費には，豪雪地帯での設置工事費や高度処理型の設置による増加費用も必要に応じて計上する。

社会的要因については，次のような側面について，区域ごとに検討する必要がある。

①歴史的な背景からみた水との係わり

②住民参加型地区か公共主導型地区か

③住民定着型か非定着型か

④自治会や衛生指導員などの住民参加活動と将来の動向

⑤ごみ問題等，他の類似の住民参加活動を支える基盤の有無

⑥人口増加地区か人口減少地区か

生活排水処理施設の整備に当たっては，住民の合意形成が不可欠である。このため，以下に示すような地域住民の意向を把握することが重要である。

①水洗化に対する要望

②水質改善(保全)についての要望・苦情等

③過去から現在までの水質汚濁の進行状況に対する意識

④水質改善を望む重点的な地区の有無

⑤生活排水の処理方式に対する意向

⑥住民負担についての意向

水洗化や水質改善に対する要望等は，地区の区長や自治会長など住民の意見，関係部局の調査実施結果などを参考とする。

1.5.3　投資効果発現の迅速性の検討

小型浄化槽は，建築物の使用開始と同時に機能が発揮され，設置に要する期間が数週間程度であることから，投資効果の発現がきわめて早い。コミュニティ・プラントも通常1〜3年で供用開始になり，投資効果の発現が比較的早い。

建設に要する期間等を考慮し，水洗化の要望への対応や生活雑排水対策の効果がいつの時点で期待できるかについて検討を行なう。

1.5.4　地域環境保全効果の検討

処理施設における処理水質のレベルだけでなく，小河川等の水量確保等についても勘案することが必要である。

個別処理の場合は，処理施設から直接処理水が小水路や小河川に放流されるため，小水域における自然浄化能力を十分に活用できる。また，地域の小河川や水路の水量確保にも役立ち，身近なうるおいのある生活環境を呼び戻す効果

も期待できる。

　対象地域の処理施設整備が完結すれば，個別処理も集合処理も同様の効果が得られる。異なる点は，個別処理は整備着手の時点から徐々に効果が期待でき，集合処理は工事期間が長いため，整備着手から効果の発現まで年月を要することである。したがって，対象地域の水質改善の緊急性の有無によって重要度は異なってくる。

1.5.5　まとめ

　費用の比較は，最も客観性をもった定量的な評価項目といえるが，費用の積算根拠に不確定な要素が多いと誤差は大きくなる。したがって，個別，集合処理の費用に大きな差がある場合，あるいは十分正確な費用算定が行なえる場合には，個別と集合を決定する重要な項目となるが，そうでない場合は，両者を決定する要因として重要性は低い。

　社会的な検討のなかで述べた住民の合意形成は，最も主観的な評価項目といえるが，個別処理と集合処理を決定する大きな要素を占めるものである。とくに集合処理を行なう場合，住民の合意形成が得られないと整備困難となる。

　たとえば，費用比較で集合処理が有利となっても水環境改善の緊急性や住民の合意形成が問題となる場合は，1.5.1〜1.5.4の項目を決定する要因となる。それらがそれほど問題とならない地域は，費用比較が決定する要因となる。個別・集合処理の決定は，どの要因が重要か，十分検討し，地域の実情に応じた柔軟な対応をする必要がある。

1.6　個別処理および集合処理の有利・不利を左右する要因

　個別処理と集合処理における事業費を試算するさいには，つぎの事項が大きく影響される。

　（1）　世帯数（処理対象人員）

　集合処理とした場合，世帯数（処理対象人員）が多いほど世帯当たりの処理施設の建設費用および維持管理費用が低額となる。しかし，個別処理の場合，世帯当たりの建設・維持管理費用は変わらない。

　（2）　集落密度

　集合処理とした場合，住宅が密集しているほうが世帯当たりの配管距離が短

項　目	個別処理が有利	集合処理が有利
家屋間距離（m/戸）	長　←──────────	──< 短
土地の起伏，河川・水路の件数	多　←──────────	──< 少
世帯数	少　───────────>	多
公共施設数	少　───────────>	多

図1.3　個別処理および集合処理に影響する事項

くなり，管路工事費が低額となる。

　(3)　公共施設の数

　公共施設に処理施設を設置するさい，その施設の処理対象人員は住宅を対象とする場合よりも多く加算されてしまうため，当該施設の排水処理施設に係わる建設・維持管理費用の負担が増加する。したがって公共施設が多いほど，相対的に個別処理の費用が上昇する。

　(4)　土地の起伏や河川・水路の数

　集合処理の場合，土地の起伏が大きいと管渠の埋設深度が深くなり，管渠建設費用が高額となる。また，河川・水路の数が多いと，伏せ越し個所あるいは中継ポンプ施設が増加し，建設・維持管理費用が高額となる。

　以上をまとめると，図1.3になる。

1.7　下水道と浄化槽の法制度面における定義

　法令上の定義で比較すると，下水道は「下水を排除するために設けられる排水管，排水渠その他の排水施設（かんがい排水施設を除く。），これに接続して下水を処理するために設けられる処理施設（屎尿浄化槽を除く。）又はこれらの施設を補完するために設けられるポンプ施設その他の施設の総体をいう。」（下水道法第2条第2項）と規定され，浄化槽は「便所と連結して屎尿及びこれと併せて雑排水（工場廃水，雨水その他の特殊な排水を除く。以下同じ。）を処理し，下水道法（昭和33年法律第79号）第2条第6号に規定する終末処理場を有する公共下水道（以下「終末処理下水道」という。）以外に放流するための設備又は施設であつて，同法に規定する公共下水道及び流域下水道並びに廃棄物の処理及

び清掃に関する法律(昭和45年法律第137号)第6条第1項の規定により定められた計画に従つて市町村が設置したし尿処理施設以外のものをいう。」(浄化槽法第2条第1項)と規定され，下水道およびし尿処理施設と区別した扱いになっている。

　また，下水道には下水(汚水)を集水する管渠を含み，さらに下水の定義(下水道法第2条第1項)は，事業に起因または付随する排水または雨水をも流入することを前提としている。廃棄物処理法に規定されているし尿処理施設のうち，コミュニティ・プラントは各建築物からの生活排水を管渠で集水し，1個所で処理する生活排水処理施設である。この施設は，住宅団地や分譲地など，きわめて限定された区域での生活排水処理施設であることから，広義的には浄化槽と同等であるといえる。さらに，農林水産省が整備を進めてきた農業集落排水施設や漁業集落排水施設などは，汚水を管渠で集水して処理するが，浄化槽法上の浄化槽として位置付けられている。

　このような複雑な背景を考慮すると，管渠で汚水を集水し，別の区域で一括処理する下水道や農業集落排水施設などを集合処理施設とし，建築物と同一の敷地内で汚水を処理し，敷地外へ放流する浄化槽を個別処理施設として位置付けることが妥当である。また，戸建住宅の敷地よりは広大になるが，コミュニティ・プラントも団地の敷地内という前提から個別処理施設として位置付けられる。

1.8　下水道と浄化槽の社会的評価

　1900(明治33)年の下水道法の制定以来，下水道事業は公的関与のもとで進められてきた。現在，公共下水道事業の財政制度は，図1.4に示すように，国費の補助率が管渠分で1/2，処理場分で5.5/10となっており，国庫助成の残りの部分は起債充当で，その元利償還金は交付税措置を執っている。

　地方財政計画では，下水道の使用実態を雨水処理に7割，汚水処理に3割とし，建設費の年間返済額約2兆円の7割に相当する1兆4,000億円を雨水処理の公費負担分として扱い，その1/2を交付税として計上している。しかし，下水道事業債に係わる元利償還金に対する財政措置は，地方自治体の下水道事業における雨水処理分が3割で，汚水処理分が7割となっており，公費負担額が

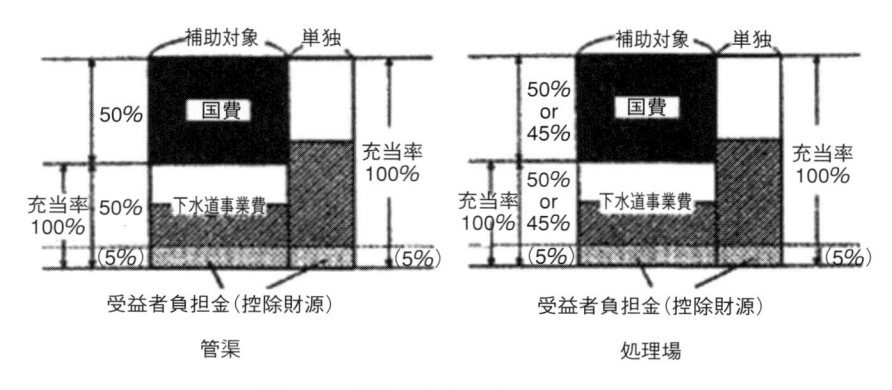

図1.4　公共下水道事業の財政制度[5]

約6,000億円に相当し，8,000億円が過剰であると報告している[6]。

　各住宅の生活排水を下水道に接続する場合，住民は分担金の他に都市計画法第75条の「受益者負担金」を根拠に起債の充当残相当分(すなわち使用料)を支払うことになっている。その現況は第2章で明らかなように，汚水処理原価に対する使用料の割合(回収率)でみると，公共下水道で82.5%となり，17%程度の不足分が生じている。とくに，特定環境保全公共下水道事業では，回収率が38.5%と著しく低く，その補填として地方自治体の一般会計からの繰入金を充当させることで賄っている。しかし，このことが地方自治体の経営に大きな影響を及ぼしている要因となっている。また，起債償還後には施設の耐用年数に達し，新たな費用が発生するため，資金不足になると予測される。当然ながら，農業集落排水や漁業集落排水の両事業についても同様である。

　一方，浄化槽は当初，製造，施工，維持管理まですべて民間事業として進められてきたことにより，国および地方自治体の負担はゼロであった。しかし，そのほとんどが単独処理浄化槽であって，中・大規模な浄化槽以外は生活雑排水対策が講じられておらず，さらに単独処理浄化槽から合併処理浄化槽(現，浄化槽)への転換も遅れていたため，1987年に国庫補助制度が創設され，その後急激に処理対象人員50人以下の小型浄化槽が普及し，2016年度末(2017年3月末)現在で浄化槽による汚水処理人口普及率が9.2%[3](浄化槽設置基数：3,595,028基(単独処理浄化槽を除く)[7])まで進捗してきた。

　このように，下水道事業と浄化槽事業は併行して進められ，両事業の進捗については必ずしも十分な調整が行なわれずに推移してきたといえる。

　生活排水処理対策における集合処理と個別処理の検討には，都市計画法が重要な役割を演じている。都市計画法は上位法であり，すべての建築関係の法令よりも優先され，廃棄物処理法に基づく生活排水処理基本計画を策定するうえにおいても，都市計画法で規定された下水道区域については当該処理計画の対象とせず，人口散在地区だけを浄化槽で整備することが前提とされてきた。そのため，人口密度が比較的低い地域でも管渠布設距離が延長され，多額の事業費の投入や住民による下水道への接続拒否，下水道区域内に設置されてきた浄化槽の取り扱いなど，さまざまな課題が提起された。

　財政上の問題としては，地方自治体の普通会計，公共下水道事業などの公営企業特別会計などの決算が，それぞれ独立して公表されてきたため，公営企業特別会計の借入金（地方債）の把握が困難であった点にあると考えられる。2007年度より，総務省では普通会計，企業会計などの特別会計の状況や第三セクターの経営状況も含めて「財政状況一覧表」を公表するようになったため，各地方自治体の財政状況が明確になってきた。その結果，公共下水道特別会計における人口1人当たりの地方債額をみると，人口規模の小さい地方自治体ほどその額は，大きくなっていることがわかる。

　つぎに，下水道事業からみた整備地区と未整備地区の格差について評価すると，下水道整備地区の住民は下水道サービスおよび行政サービスのいずれも受けることになるが，未整備地区の住民は，税を納入しているにも係わらず下水道サービスを受けることはなく，税負担の公平性という点で問題がある。しかも，一般会計から下水道会計への繰入金によってその補填も強いられ，行政サービス全体の低下にもつながるおそれがある。英国においても，住民による下水道への接続拒否等の組織体制上の悪化も認められていることから，都市計画と併せて下水処理システムを検討すべきである[7]という。さらに，今後10〜20年で単身世帯が増加し，高齢化も進行するため住民が求めるサービスについては，法制度および財政の両面からの再検討が必要とされている。

　汚水処理原価に対する下水道使用料（経費回収率という）の低い状況が継続するほど，その格差はさらに拡大し，未整備地区の住民でも民間事業として浄化

槽を設置した場合には，二重負担が強いられるにも係わらず下水道整備地区の住民と同等のサービスが受けられないことになる。

―参考文献―

1) 総務省自治財政局：平成28年度地方公営企業年鑑，平成30年3月，p.162～165(2018).
2) ㈶日本環境整備教育センター編：浄化槽整備事業の手引き，p.69～121，日本環境整備教育センター，東京(2009).
3) 環境省，国土交通省，農林水産省：平成28年度末の汚水処理人口普及状況について，(https://www.env.go.jp/recycle/jokaso/data/population/pdf/osui-h28.pdf)(2017年8月23日).
4) 環境省，国土交通省，農林水産省：持続的な汚水処理システム構築に向けた都道府県構想策定マニュアル(https://www.env.go.jp/recycle/jokaso/data/prefectures/pdf/01All-prefectures_concept_Manual.pdf)(2014年1月).
5) 下水道事業経営研究会編：第17次改訂版下水道経営ハンドブック，p.94～200，ぎょうせい，東京(2005).
6) 環境情報：雨水処理は3割，財務省が減額要請へ，環境情報，2003年12月21日付(2003).
7) 環境省浄化槽推進室：平成29年度浄化槽の指導普及に関する調査結果，平成30年3月，環境省資料(2018).

第 2 章

汚水処理事業の経営と財政上の課題

2.1 生活排水処理施設整備事業の概要

　厚生労働省の国立社会保障・人口問題研究所は，2045年までの地域別の将来推計人口を2018年3月30日に公表した[1]。それによると2030年以降全都道府県で総人口が減少し，2045年には7割以上の自治体で2015年に比べて20％以上人口が減り，334自治体では半数以下となるという。「人口5千人未満」の自治体は2015年比で1.8倍増となり，全体の4分の1を占める。また，全自治体の6割で生産年齢人口（15〜64歳）が4割以上減少し，都市部への人口一極集中も加速しつつあり，インフラ等の面で都市部の経済効率は上がる半面，高齢化に伴うさまざまな問題が深刻さを増し，地域そのものが成り立たなくなるところも出てくる[2][3]。

　一方，2016年度末現在，汚水処理人口普及率は90.4％（福島県下10市町村を除く）となり，「便所の水洗化及び台所排水などの雑排水の処理」は，住民の福祉の向上，生活環境の快適化のみならず，身近な水辺環境の改善，水資源の確保といった観点からも，自治体として必須の事業となっている。多くの自治体では，これまで，汚水を1個所に集めて処理する集合処理施設，すなわち，下水道や集落排水施設を中心として面的整備が行なわれてきたが，集合処理施設の整備には経済性での問題点が指摘されている[4]。

　今後，人口減少や高齢化が下水道事業の経営や市町村財政にどのような影響を及ぼす可能性があるのか，地方自治体では，どのように予測されているのであろうか。

　第2章および第3章では，公営企業として運営されている汚水処理事業の経営状況を調べるため，総務省が公表している「平成28年度下水道事業経営指標・下水道使用料の概要」[5]から，集合処理3,092事業，個別処理421事業，合わせて3,513事業における「事業の概要」，「施設の効率性」および「経営の効率性」に関する各種指標について，その分布や数値を整理した。また，「2045年汚水処理施設整備指標」，「2045年集合処理施設整備指標」を示し，「DIDの有無」，「2015年国勢調査時のDID人口に対する集合処理人口の割合」を加えた4つの指標で全国1,659市町村を9グループに分類し，今後の汚水処理施設整備について留意すべき事項を述べた。

　なお，「平成28年度地方公営企業決算の概況」[6)]によると，2016年度（平成28年度）における下水管布設延長は532,081kmで，前年度（517,244km）に比べ2.9%増加し，処理場の現在晴天時処理能力は62,030千m³/dと前年度（62,037千m³/d）に比べ微減している。また，平成28年度末における現在処理区域内人口は1億407万人で，前年度（1億360万人）に比べ0.4%増加し，現在処理区域面積は527万haで，前年度（508万ha）に比べ3.8%増加している。

2.2　汚水処理施設の経営状況

2.2.1　使用開始後年数と有収水量密度の関係

　集合処理施設の整備事業について，供用開始後年数（4区分）と有収水量密度（4区分）とで整理した結果を表2.1に示す。なお，集合処理施設とは，公共下水道（1,173事業），特定環境保全公共下水道（722事業，以下，特環下水道とする），農業集落排水施設（897事業），漁業集落排水施設（169事業），林業集落排水施設（26事業），簡易排水施設（26事業）および小規模集合排水処理施設（79事業）の計3,092事業である。また，有収水量密度とは処理区域面積1ha当たりの年間有収水量であり，1人1日当たりの汚水量を0.25m³/人·dとすると，有収水量密度と人口密度の関係は表2.2に示すようになる。有収水とは，処理した汚水のうち使用料徴収の対象となるものを表わす。

表2.1　集合処理施設における供用開始後年数および有収水量密度の分布

有収水量密度 （千m³/ha）　　施設数	供用開始後の年数				計
	25年 以上	15年以上 25年未満	5年以上 15年未満	5年 未満	
7.5以上	141	13	0	0	154 （5%）
5.0以上～7.5未満	157	34	6	1	198 （6%）
2.5以上～5.0未満	450	325	78	1	854 （28%）
2.5未満	454	1,158	264	10	1,886 （61%）
計	1,202 （39%）	1,530 （49%）	348 （11%）	12 （0%）	3,092 （100%）

○数値の出所は，総務省「平成28年度下水道事業経営指標・下水道使用料の概要」

表2.2　有収水量密度と人口密度の関係

有収水量密度（千m³/ha）	1.0	2.5	5.0	7.5
人口密度（人/ha）	11	27	55	82

　供用開始後25年以上の区分では有収水量密度5.0千m³/ha以上のものが25％を占めているが，供用開始後年数区分ごとに「有収水量密度が2.5千m³/ha未満の事業」が占める割合をみると，供用開始後25年以上が38％，同15年以上25年未満が76％，同5年以上15年未満が76％，同5年未満が83％と，1993年（平成5年）以降に供用開始された集合処理施設の8割弱は，有収水量密度が低い地域，すなわち個別処理との経済比較では不利となる地域を対象に整備されたことがわかる。

2.2.2　一般家庭使用料

　一般家庭使用料とは，一般家庭において1カ月当たり20m³使用した場合に下水道使用料として徴収される金額であるが，戸割，人頭割りなどの使用料を設定している団体にあっては1世帯当たりの人員数を3人とした場合の使用料が，浄化槽の人槽区分別に使用料を設定している団体にあっては5人槽の場合（5人槽の区分のない団体にあっては最も小さい人槽区分）の使用料が，また，地区別等，複数の使用料体系を設定している場合は，一番有収水量の多い使用料体系での使用料がそれぞれ表示されている。

　公共下水道，特環下水道，農業集落排水事業等および浄化槽事業における事業体別の一般家庭使用料を千円区分で整理し，図2.1に示す。

　各事業における最頻値は，公共下水道が「2千円超3千円以下」，その他の事業が「3千円超4千円以下」であり，また，「4千円超」の事業体が占める割合は，公共下水道が4.6％，特環下水道が9.7％，農業集落排水施設等が11.2％，浄化槽事業が15.9％と，事業規模が小さく，供用開始からの経過年数が短くなるほど高くなる傾向が認められた。

　総務省の地方交付税措置に関わる資料[7]には，『下水道事業における使用料回収対象経費に対する地方財政措置については，事業体が最低限行うべき経営努力として，全事業平均水洗化率及び使用料徴収月3,000円/20m³を前提として行われていることに留意すること。』と示されている。

　そこで，事業ごとに3千円未満かつ経費回収率（控除前）100％未満の事業体，

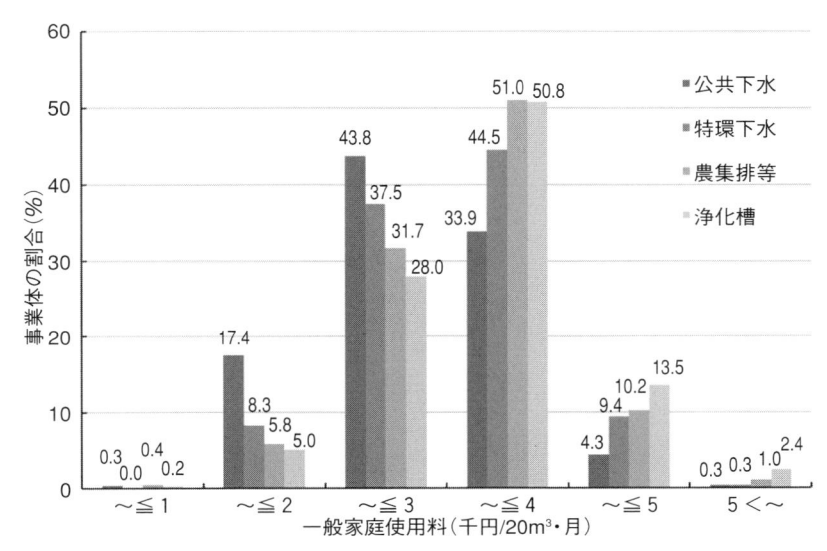

○事業区分

農業集落排水事業等（農集排等）：農業集落排水事業（農業集落），漁業集落排水事業（漁業集落），林業集落排水事業（林業集落），簡易排水処理事業（簡易排水）および小規模集合排水処理事業（小規模集）を合わせたもの

浄化槽事業（浄化槽）：特定地域生活排水処理事業（特定地域）と個別排水処理事業（個別排水）を合わせたもの

○数値の出所は，総務省「平成28年度下水道事業経営指標・下水道使用料の概要」

図2.1　一般家庭使用料の分布

いい換えると最低限の経営努力を行なっていない事業体を数えてみると，公共下水道が638事業体（総数の54％），特環下水道が321事業体（同44％），農業集落排水施設などが445事業体（同37％），浄化槽事業が137事業体（同33％），合わせて1,541事業体（同44％）であった。なお，控除とは，2016年度に新設された「汚水処理に要する経費から繰出基準に基づく他会計が負担すべき額（分流式下水道等に要する）」を除くことである（2.2.4の汚水処理原価を参照）

つぎに，一般家庭使用料の上位の事業体を**表2.3**に示した。

最も高いのは福井県小浜市の農業集落排水事業の7,830円，ついで福岡県小竹町の農業集落排水事業の6,910円，秋田県湯沢市の特定地域生活排水処理事業の6,490円など，農業集落排水事業や特定地域生活排水処理事業などが上位

表2.3 一般家庭使用料が上位の事業体（2016年度）

	2016年度 上位の事業体 団体名	事業名	一般家庭 使用料 （円/20m³・月）	経費回収率		処理区域内 人口密度 （人/ha）
				控除後 （%）	控除前 （%）	
1	福井県小浜市	農業集落	7,830	118.2	63.8	19
2	福岡県小竹町	農業集落	6,910	93.7	46.0	8
3	秋田県湯沢市	特定地域	6,490	69.8	58.3	40
4	山梨県早川町	農業集落	6,000	73.0	73.0	8
5	北海道網走市	個別排水	5,875	97.2	69.2	450
6	福岡県行橋市	農業集落	5,860	83.2	48.3	18
7	福岡県上毛町	農業集落	5,830	46.6	32.3	23
8	福島県下郷町	農業集落	5,800	37.5	30.2	28
9	岐阜県揖斐川町	特環下水	5,616	76.3	24.0	48
	岐阜県揖斐川町	農業集落	5,616	47.2	23.1	10
	岐阜県揖斐川町	特定地域	5,616	87.2	68.0	2
	岐阜県揖斐川町	個別排水	5,616	65.6	54.0	9
13	福島県大玉村	農業集落	5,407	109.3	58.4	21
14	福岡県築上町	公共下水	5,400	17.1	7.6	26
	福岡県築上町	特環下水	5,400	144.5	54.7	41
	福岡県築上町	農業集落	5,400	71.2	40.3	12
	岐阜県垂井町	農業集落	5,400	51.6	38.4	32
	秋田県横手市	特定地域	5,400	99.6	76.5	11
	三重県伊賀市	特定地域	5,400	100.0	79.3	0
20	北海道上ノ国町	特定地域	5,340	19.1	16.0	2
21	広島県三次市	特定地域	5,292	63.4	58.3	16
22	北海道三笠市	公共下水	5,222	100.0	83.7	13
23	長野県中川村	公共下水	5,184	67.8	42.4	17
	長野県中川村	農業集落	5,184	43.8	24.2	24
	長野県中川村	小規模集	5,184	39.1	39.1	34
26	北海道芽室町	個別排水	5,040	70.4	45.7	0
27	熊本県八代市	特定地域	5,020	60.5	50.6	0
28	北海道夕張市	公共下水	5,008	85.0	27.1	10
29	熊本県五木村	農業集落	5,000	39.3	28.9	17
	北海道美唄市	公共下水	4,998	109.9	58.4	18
	北海道美唄市	特環下水	4,998	43.7	23.2	11
	北海道美唄市	個別排水	4,998	71.8	51.2	0

○各事業の最低額は，公共下水道が埼玉県戸田市の777円（控除前経費回収率は91.9%），特環
　下水道が北海道泊村の1,010円（同2.6%），農業集落排水事業等が沖縄県与那国町の927円（同
　7.4〜44.6%），浄化槽事業が北海道島牧村（特定地域）の1,000円（同6.0%）
○事業名の区分は図2.1に示した
○数値の出所は，総務省「平成28年度下水道事業経営指標・下水道使用料の概要」

を占めている。

　特環下水道で最も高いのが岐阜県揖斐川町の5,616円であるが，これでも必要な経費の24.0％（控除前経費回収率）しか回収できておらず，同町では他の整備事業も実施しており使用料はすべて同額であるが，控除前経費回収率は農業集落排水事業が23.1％であるのに対し，個別排水処理事業が54.0％，特定地域生活排水処理事業が68.0％と，戸建て住宅規模の浄化槽を用いた事業だけが必要な経費の6割前後が回収できている。

　なお，「使用料改定について」について，2016年1月，総務省から発表された「経営戦略策定ガイドライン」[8]では，『①将来にわたって安定的に事業を継続して行くには，他会計からの繰入金に過度に依存せず，中長期的に自立・安定した経営基盤を築く必要があること，②昨今の厳しい財政状況のなか，可能な限り使用料収入により汚水処理原価を回収する必要があること，③使用料収入ではなく，一般会計からの繰入（租税収入を財源とする。）により汚水処理原価を回収することは，下水処理施設が普及していることによりその便宜を享受できる住民とそうでない住民との間に不公平が生じること等を踏まえた上で，使用料の適正化を図ることが重要である。』と記述されている。

　さらに，一般家庭使用料の高い事業体について，水道料金も合わせた額を整理した結果を表2.4に示す。

　上・下水道を合わせた料金（20m³/月）は，北海道網走市が最も高く12,163円，次いで北海道夕張市の11,849円，福岡県小竹町の10,860円，秋田県湯沢市の10,767円,福岡県上毛町の10,370円の順で11市町が1万円を超えており,北海道,福島県および長野県など人口減少が著しい地域の小規模な自治体が上位を占めている。

　2人以上の世帯の消費支出と光熱・水道費の推移を表2.5，および図2.2に示す。

　上・下水道料金は，年々上昇する傾向が認められ，2017年の全国平均が5,199円（2016年は5,178円），消費支出に占める割合も2000年の1.5％から1.8％（2011～2017年）まで上昇している。

　2017年の2人以上の世帯（平均世帯人員2.98人，世帯主の平均年齢59.6歳）の消費支出は，1世帯当たり1カ月平均283,027円で，前年に比べ名目0.3％の増

表2.4　一般家庭使用料が上位の事業体における水道料金等[9]

2016年度 汚水処理施設使用料 上位の事業体における 水道料金との合計額 （A＋B）	汚水処理				上水道（末端給水事業）		備考
	事業名	A 一般家庭 使用料 （円/20m³・月）	経費回収率		B 水道料金 （円/20m³・月）	料金 回収率 （%）	
			控除後 （%）	控除前 （%）			
1　北海道網走市 （12,163円）	個別排水	5,875	97.2	69.2	4,298 / 6,288	119.80 / 16.91	簡
2　北海道夕張市 （11,849円）	公共下水	5,008	85.0	27.1	6,841	75.27	
3　福岡県小竹町 （10,860円）	農業集落	6,910	93.7	46.0	3,950	97.49	
4　秋田県湯沢市 （10,767円）	特定地域	6,490	69.8	58.3	4,042 / 4,277	97.26 / 47.07	簡
5　福岡県上毛町 （10,370円）	農業集落	5,830	46.6	32.3	4,540	56.66	簡
6　福井県小浜市 （10,227円）	農業集落	7,830	118.2	63.8	2,397 / 1,296	124.50 / 77.12	簡
7　福岡県築上町 （10,200円）	公共下水 特環下水 農業集落	5,400 5,400 5,400	17.1 144.5 71.2	7.6 54.7 40.3	4,800	108.03	
8　北海道芽室町 （10,191円）	個別排水	5,040	70.4	45.7	5,151 / 5,151	106.95 / 61.72	簡
9　北海道北竜町 （10,130円）	農業集落 個別排水	4,860 4,860	60.2 45.4	43.2 39.2	5,270	80.08	簡
10　北海道美唄市 （10,122円）	公共下水 特環下水 個別排水	4,998 4,998 4,998	109.9 43.7 71.8	58.4 23.2 51.2	5,124	108.22	
11　広島県三次市 （9,914円）	特定地域	5,292	63.4	58.3	3,012 / 4,622	77.61 / 63.77	簡
12　福岡県行橋市 （9,790円）	農業集落	5,860	83.2	48.3	3,930	146.98	
13　北海道三笠市 （9,705円）	公共下水	5,222	100.0	83.7	4,483	87.19	
14　福島県下郷町 （9,690円）	農業集落	5,800	37.5	30.2	3,890	58.65	簡
15　広島県三次市 （9,536円）	農業集落	4,914	58.3	32.8	3,012 / 4,622	77.61 / 63.77	簡
16　北海道芦別市 （9,412円）	公共下水	4,946	99.2	88.3	4,466	86.76	
17　福島県小野町 （9,288円）	特定地域	4,860	71.2	55.6	4,428	92.05	

表2.4　つづき

18	石川県宝達志水町 (9,176円)	特環下水 農業集落	4,968 4,968	110.3 109.6	57.1 62.3		4,208	98.19
19	岩手県一戸町 (9,170円)	特定地域	4,970	151.5	134.2		4,200	123.78
20	山形県長井市 (9,162円)	特定地域	4,950	100.0	74.0		4,212	103.98

○汚水処理施設使用料が上位とは4,860円以上の事業体，「簡」は簡易水道事業を表わす。

○事業名の分類は表2.3と同じである

○汚水処理に関する数値は「平成28年度下水道事業経営指標・下水道使用料の概要」，上水に関する数値は総務省「平成28年度決算経営比較分析表」より，それぞれ引用

表2.5　2人以上の世帯の消費支出と光熱・水道費の推移(月額)[10)11)]

年度	A 消費支出 (円/月)	B 光熱・ 水道費 (円/月)	電気代 (円/月)	ガス代 (円/月)	他の光熱 (円/月)	C 上・下 水道料 (円/月)	B／A (%)	C／A (%)	C／B (%)
2000	317,328	21,629	9,682	5,888	1,266	4,793	6.8	1.5	22.2
2001	309,054	21,529	9,412	5,870	1,410	4,837	7.0	1.6	22.5
2002	305,953	21,171	9,385	5,709	1,182	4,896	6.9	1.6	23.1
2003	301,841	20,922	9,076	5,768	1,217	4,861	6.9	1.6	23.2
2004	302,975	21,012	9,302	5,536	1,172	5,002	6.9	1.7	23.8
2005	300,531	21,495	9,217	5,566	1,662	5,050	7.2	1.7	23.5
2006	294,943	22,279	9,462	5,770	1,978	5,069	7.6	1.7	22.8
2007	297,782	21,769	9,251	5,681	1,746	5,091	7.3	1.7	23.4
2008	296,932	22,763	9,784	5,971	1,960	5,048	7.7	1.7	22.2
2009	291,737	21,686	9,647	5,703	1,314	5,023	7.4	1.7	23.2
2010	290,244	21,952	9,850	5,514	1,538	5,049	7.6	1.7	23.0
2011	282,966	21,956	9,591	5,449	1,835	5,080	7.8	1.8	23.1
2012	286,169	22,816	10,199	5,660	1,876	5,081	8.0	1.8	22.3
2013	290,454	23,241	10,674	5,579	1,834	5,154	8.0	1.8	22.2
2014	291,194	23,800	11,203	5,709	1,770	5,117	8.2	1.8	21.5
2015	287,373	23,198	11,060	5,660	1,257	5,221	8.1	1.8	22.5
2016	282,188	21,177	10,100	4,897	1,002	5,178	7.5	1.8	24.5
2017	283,027	21,536	10,312	4,725	1,301	5,199	7.6	1.8	24.1

出典：総務省統計局，家計調査結果を加工して作成

加となった。また，物価変動(0.6%)の影響を除いた実質では0.3%の減少となった。

　消費支出の対前年実質増減率の近年の推移をみると，平成22年に増加(0.3%)

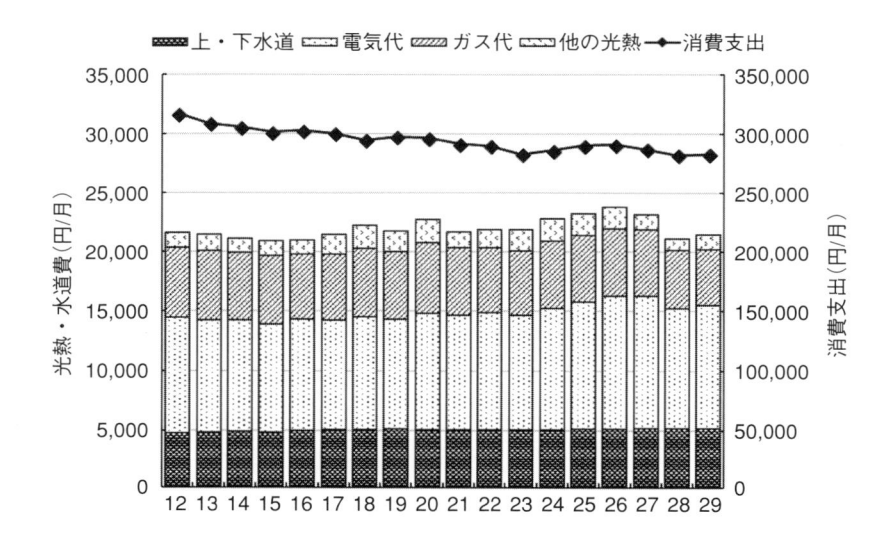

出典：総務省統計局，家計調査結果を加工して作成

図2.2　2人以上世帯の消費支出と光熱・水道費の推移[10) 11)]

となった後，東日本大震災が発生した2011年は減少（−2.2%）となった。2012年（1.1%），2013年（1.0%）は2年連続の実質増加となった。2014年は，消費税率引き上げに伴う駆け込み需要とみられたものの，その後の反動減や夏場の天候不順の影響などもあって減少（−2.9%）となった。2015年（−2.3%），2016年（−1.7%），2017年（−0.3%）は，減少幅は縮小したものの，2014年以降4年連続の実質減少となった。

　2人以上の世帯の消費支出を10大費目別にみると，「食料」，「教育」，「教養娯楽」，「光熱・水道」，「住居」，「保健医療」および「被服及び履物」の7費目が実質減少となった。

　一方，「交通・通信」および「家具・家事用品」の2費目が実質増加となった。「その他の消費支出」は実質で前年と同水準となった。

　光熱・水道は21,535円で，名目1.7%の増加，実質1.0%の減少となった。ガス代，電気代などが実質減少となった。一方，他の光熱が実質増加となった。

2.2.3　有収率

　有収率とは，施設の効率性を表わす指標の 1 つで，処理した汚水のうち使用料徴収の対象となる有収水の割合のことである。有収率が高いほど使用料徴収の対象とできない不明水が少なく，効率的であるということがいえる。

　有収率(%) ＝年間有収水量／年間汚水処理水量×100

　下水道においては，管渠の接続部分やマンホールなどからある程度の不明水が流入することはやむを得ないが，不明水の量が多くなると雨天時のマンホール等からの溢流，下水処理施設への負荷増大，下水道事業の経営悪化などの悪影響が懸念される。そのため，著しく有収率の低い団体にあっては，多量の不明水が発生する原因の究明とその削減に努める必要がある(表2.6参照)。

　不明水の発生理由としては，①管渠の接続部分・マンホール等からの流入，②汚水升と雨水升の誤接続による雨水の流入，③無届け排水設備からの汚水の流入，④井戸水等の認定水量と実際の使用水量との誤差の発生，⑤管路施設の老朽化や破損(全国の公共団体の 7 割が管路の点検・調査を未実施のため下水道管理に起因する道路陥没が毎年約4,000件発生)等が考えられる。これらの有無を検証し，適切な対策を講じる必要がある。

　なお，管路施設における日常の維持管理が適正でないと，不明水以外にも次のような管渠施設に起因した事故や障害が発生し，処理費用の増大や都市機能が麻痺するなど大きな障害を与える場合がある[11]。

　①管渠閉塞等による下水の溢水

　②管渠，マンホールの破損等による道路陥没

　③下水の滞留等による悪臭

表2.6　不明水の分類(指針を参考に作成)[12]

有収汚水			下水道料金等で把握が可能な水量
不明水 (有収汚水以外)	浸入水	地下水浸入水	恒常的あるいは比較的長期にわたり 下水管渠に浸入した地下水
		雨天時浸入水	分流式下水道で雨天時に 汚水管路施設に浸入した雨水
	その他		●無届けの事業場排水や湧水などの有収外汚水 ●上水系排水(漏水) ●その他(農業排水路からの接続等)

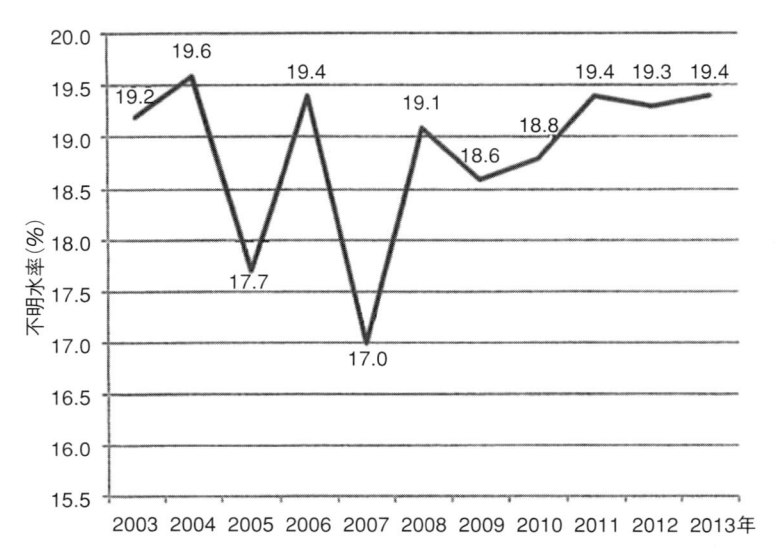

出典：㈱日本政策投資銀行地域企画部「わが国下水道事業経営の現状と課題（平成28年6月）」

図2.3　汚水処理量における不明水の割合の推移（公共下水道）[13]

④マンホールふたに関連する騒音，交通傷害など

（出典：国交省管渠施設維持管理業務委託等調査検討会，下水道管渠施設の
　　　包括的民間委託に関する報告書，平成21年3月）

　また，㈱日本政策投資銀行地域企画部が2016年6月に発表した「わが国下水
道事業経営の現状と課題」[13]では，「公共下水道の汚水処理量における不明水の
割合（不明水率）は10%代後半の横ばいで推移している（図2.3参照）ものの，今
後の下水道施設の老朽化の進行に伴い，不明水率が上昇することが予想される
ことから，不明水対策に重点的に取り組むことが必要である。」と指摘されて
いる。

　汚水処理施設における有収水量と不明水量の推移を表2.7に示す。

　公共下水道（流域下水道事業分を除く）では，年間有収水量と年間不明水量，
ともに漸増傾向が認められるが，近年は不明水量の増加率のほうが高いことか
ら，有収率は2007年度の83.5%をピークに2016年度が80.9%と，漸減傾向が認
められる。

表2.7　汚水処理施設（流域下水道事業分を除く）における有収水量と不明水量
　　　　の推移

	A 年間総処理 水量 （千·m³）	年間雨水 処理水量 （千·m³）	B 年間有収 水量 （千·m³）	C 年間不明水 （千·m³）	C／A （%）	有収率 B／(B+C) （%）
2004年度	14,356,598	1,429,284	10,458,864	2,468,449	17.2	80.9
2005年度	13,925,030	1,080,918	10,632,781	2,211,331	15.9	82.8
2006年度	14,550,587	1,288,514	10,765,326	2,496,748	17.2	81.2
2007年度	14,141,218	1,070,108	10,918,975	2,152,135	15.2	83.5
2008年度	14,691,206	1,313,236	10,911,808	2,466,162	16.8	81.6
2009年度	14,565,948	1,249,620	10,918,271	2,398,057	16.5	82.0
2010年度	14,892,434	1,330,149	11,096,118	2,466,167	16.6	81.8
2011年度	14,876,183	1,327,242	10,999,710	2,549,231	17.1	81.2
2012年度	14,728,051	1,104,063	11,060,861	2,563,128	17.4	81.2
2013年度	14,921,281	1,243,307	11,086,274	2,591,700	17.4	81.1
2014年度	14,963,058	1,203,048	11,027,696	2,732,312	18.1	80.1
2015年度	15,189,243	1,286,331	11,112,587	2,790,326	18.4	79.9
2016年度	15,025,278	1,227,256	11,175,641	2,642,381	17.6	80.9

参考：流域下水道事業分における有収水量と不明水量の推移

	A 年間総処理 水量 （千·m³）	年間雨水 処理水量 （千·m³）	B 年間有収 水量 （千·m³）	C 年間不明水 （千·m³）	C／A （%）	有収率 B／(B+C) （%）
2013年度	4,766,196	117,877	4,407,564	240,755	5.1	94.8
2014年度	4,815,874	96,584	4,457,369	261,921	5.4	94.4
2015年度	4,916,660	101,028	4,512,012	303,620	6.2	93.7
2016年度	4,878,921	88,847	4,424,454	365,620	7.5	92.4

○数値の出所は総務省，各年度における「地方公営企業年鑑」と「地方公営企業の概況」

　また，公共下水道，特環下水道および農業集落排水施設等における事業体別
の有収率を20%区分で整理し，図2.4に示す。
　各事業における最頻値は，いずれも「80%超100%未満」で，全体に占める
割合は，公共下水道が66.5%，特環下水道が71.6%，農業集落排水事業等が80.1
%である。各事業における有収率の平均値は，公共下水道が80.2%，特環下水
道が86.7%，農業集落排水事業等が91.7%と，供用開始経過年数が長い事業体
が多い事業ほど低くなる傾向が認められる。
　そこで，公共下水道について，供用開始後経過年数と有収率との関係を検討

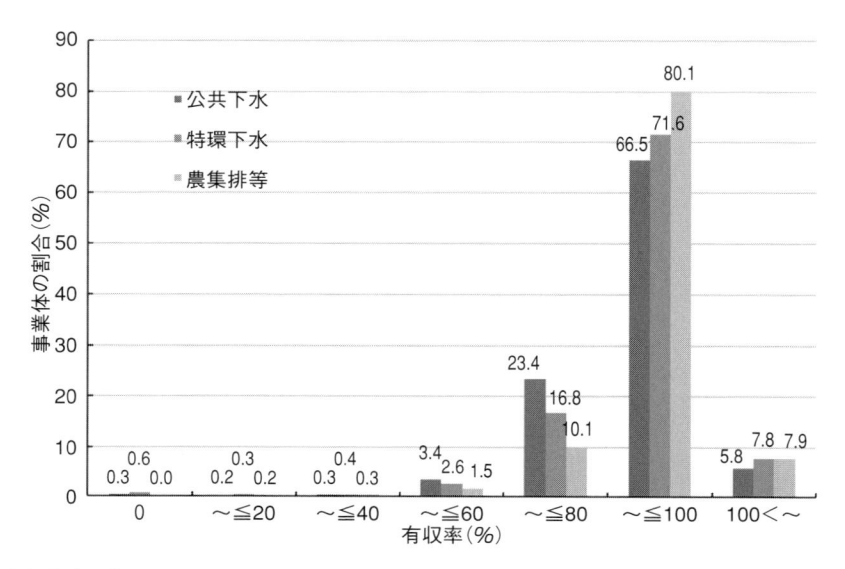

○各事業の範囲は，
公共下水道：福島県西郷村等の4市町村が(0.0)〜福岡県新宮町(178.1)
特定環境保全公共下水道：北海道森町等の4市町が(0.0)〜北海道せたな町(267.2)
農業集落排水事業等：福島県富岡町(3.8)〜鳥取県岩美町(217.3)
○数値の出所は，総務省「平成28年度下水道事業経営指標・下水道使用料の概要」

図2.4　集合処理施設における有収率の分布（2016年度）

表2.8　各グループにおける有収率の平均値（公共下水道，2016年度）

処理区域内人口（人）	有収水量密度（千m³/ha）	供用開始後経過年数			
		25年以上	15年以上25年未満	5年以上15年未満	5年未満
1万人以上〜5万人未満	5.0≦〜<7.5	89.4	93.6	95.2	−
	2.5≦〜<5.0	79.9	91.8	80.3	−
	〜<2.5	79.9	91.3	94.4	−
5千人以上〜1万人未満	5.0≦〜<7.5	81.1	93.1	84.0	−
	2.5≦〜<5.0	77.5	91.7	98.3	−
	〜<2.5	76.6	90.5	94.1	−
5千人未満	2.5≦〜<5.0	83.6	91.7	96.8	−
	〜<2.5	72.3	87.4	94.7	107.2

○供用開始後経過年数が3階級以上あるグループのみを選択
○数値の出所は，総務省「平成28年度下水道事業経営指標・下水道使用料の概要」

表2.9　有収率が低い事業体（2016年度）

No.	2016年度 50%未満	事業名	有収率 （%）	施設利用率 （%）	供用開始 後年数 （年）	一般家庭 使用料 （円）	経費回収率 控除前 （%）
1	福島県西郷村	公共下水	0.0	0.0	24	2,700	52.7
2	神奈川県小田原市	公共下水	0.0	0.0	51	2,589	73.4
3	三重県玉城町	公共下水	0.0	0.0	14	1,600	44.5
4	熊本県合志市	公共下水	0.0	0.0	36	2,310	64.7
5	北海道森町	特環下水	0.0	0.0	2	3,200	4.1
6	北海道栗山町	特環下水	0.0	0.0	20	4,662	128.0
7	秋田県仙北市	特環下水	0.0	0.0	25	2,700	71.5
8	長野県大町市	特環下水	0.0	0.0	17	3,720	55.5
9	福島県浪江町	公共下水	1.3	17.1	26	3,240	0.3
10	岡山県井原市	特環下水	3.3	79.7	8	2,689	13.8
11	福島県富岡町	農業集落	3.8	60.9	20	2,646	0.2
12	福島県富岡町	特環下水	8.2	39.8	29	2,646	0.0
13	宮城県塩竈市	漁業集落	14.1	100.0	19	3,240	11.5
14	福島県富岡町	公共下水	15.7	48.9	25	2,646	0.7
15	愛知県あま市	公共下水	23.7	0.0	8	2,592	29.7
16	北海道釧路市	特環下水	26.9	50.3	31	4,421	43.6
17	福島県北塩原村	農業集落	27.9	70.8	21	2,646	5.4
18	群馬県みなかみ町	農業集落	29.8	94.3	24	2,592	14.1
19	愛知県津島市	公共下水	31.3	61.0	53	2,777	135.0
20	岡山県備前市	漁業集落	34.8	48.1	35	3,802	30.8
21	北海道士別市	公共下水	35.1	94.9	43	3,068	101.2
22	北海道上川町	特環下水	35.4	56.6	29	2,604	42.2
23	山形県大蔵村	特環下水	36.8	71.6	33	3,296	24.3
24	愛媛県八幡浜市	公共下水	39.1	86.9	33	3,000	53.8
25	北海道岩内町	公共下水	40.9	52.1	13	3,880	17.1
26	群馬県前橋市	特環下水	41.8	24.8	29	2,116	18.3
27	北海道剣淵町	特環下水	43.5	75.7	20	3,538	27.6
28	山口県防府市	漁業集落	44.1	41.3	31	2,700	29.3
29	北海道標津町	特環下水	45.3	58.5	31	3,512	33.5
30	徳島県徳島市	公共下水	45.6	56.7	55	2,062	67.9
31	長野県飯山市	特環下水	45.6	40.8	26	3,560	35.4
32	北海道浜中町	特環下水	45.8	65.5	18	3,840	61.8
33	鳥取県鳥取市	林業集落	45.8	125.0	19	2,717	16.5
34	兵庫県宍粟市	小規模集	45.8	56.3	13	2,698	2.2
35	岩手県釜石市	公共下水	46.3	89.0	57	3,240	83.1
36	北海道旭川市	農業集落	46.4	53.3	16	3,205	6.3
37	福島県金山町	特環下水	48.4	75.0	4	3,240	11.4
38	栃木県足利市	特環下水	48.5	0.5	26	2,990	33.1
39	静岡県静岡市	公共下水	48.8	69.9	57	2,720	85.8
40	山口県和木町	公共下水	48.8	0.0	43	2,698	95.2
41	北海道清水町	公共下水	49.3	23.1	31	3,800	46.9
42	福島県福島市	特環下水	49.4	30.9	22	2,808	21.8
43	熊本県山鹿市	公共下水	49.8	81.3	42	3,195	90.3

○数値の出所は，総務省「平成28年度下水道事業経営指標・下水道使用料の概要」
○事業名の区分は表2.3と同じ

してみると，各グループとも，供用開始経過年数が長くなるほど有収率が低くなる傾向が認められた（表2.8参照）。

2016年度の有収率が50％未満と低い事業体を表2.9に示した。

2.2.4　汚水処理原価

汚水処理原価とは，汚水 1 m³ を処理する費用を表わしており，維持管理費と資本費の合計である汚水処理費を年間総有収水量で除して算出し，事業経営の効率性を検討するさいの指標の 1 つとして用いられている。

維持管理費とは，汚水処理施設の維持管理に要する経費で，具体的には人件費，動力費，薬品費，施設補修費，管渠清掃費およびその他の維持管理によって構成されている。また，資本費とは，地方公営企業法適用事業にあっては原価償却費，企業債等支払利息および企業債取扱諸費等の合計額であり，一方，地方公営企業法非適用事業にあっては，地方債元利償還額および地方債取扱諸費等の合計額である。さらに，汚水処理費は，2006年度以降，汚水処理に要する経費から繰出基準に基づく他会計が負担すべき額（「分流式下水道等に要する経費」）を除いたものをいい，この「分流式下水道等に要する経費」とは，それ以前，下水道事業に係る経費の負担について「雨水公費・汚水私費の原則」が適用されており，資本費全体の 7 割を雨水分と想定した財政措置が講じられていたが，実態とは大きく乖離し過大な公費措置ではないかとの指摘があり，2006年度以降，雨水分に対する公費負担措置を決算ベースの雨水比率に合わせて変更するとともに，分流式下水道の公共的役割を考慮し，汚水資本費に対する公費負担措置として導入されたもの（図2.5を参照）であるが，繰出基準のハードルを引き下げて使用料で回収すべき範囲を狭めるための措置といわざるを得ない。

各事業における汚水処理原価の分布を図2.6（控除後），図2.7（控除前）に示す。

総務省が毎年公表している「下水道事業経営指標・下水道使用料の概要」には，『平成18年度から「分流式下水道等に要する経費」が新設されたが，当該繰出しは不採算経費に対する繰出しであるため，より汚水処理原価を明確化するために，分流式下水道等に要する経費を控除する前の汚水処理原価を掲載している。』と記載されている。

各事業における汚水処理原価は，2006年度からその算出方法が変更されたこ

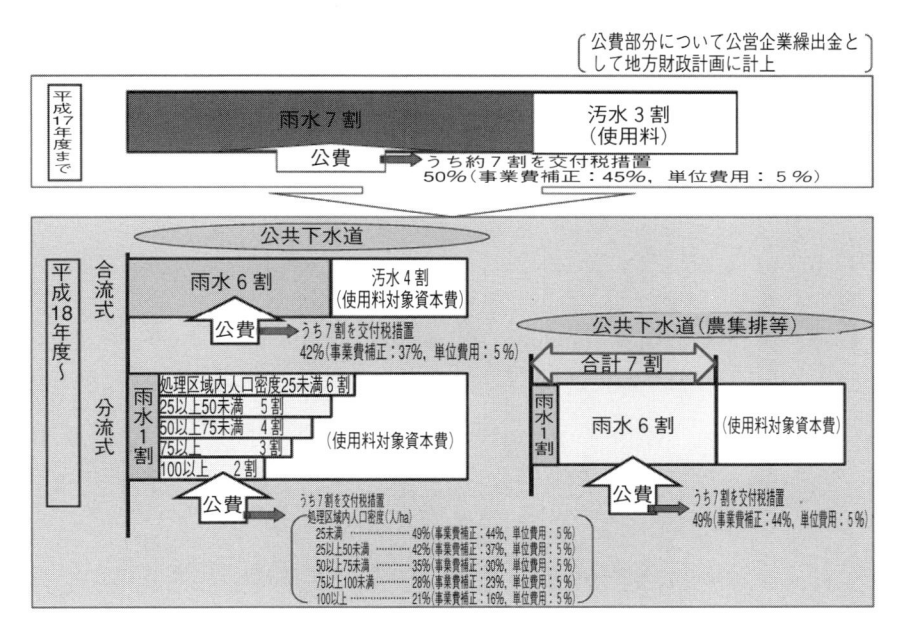

図2.5　下水道事業債元利償還金に対する地方財政措置[14]

とにより，集合処理施設を整備する事業では大きく低下しており，経年的にも低下する傾向が認められた。2016年度における各事業の値を比較すると，公共下水道が137.85円/m³と最も安く，ついで特環下水道232.57円/m³，浄化槽事業が270.73円/m³，農業集落排水事業が277.04円/m³，漁業集落排水事業が377.04円/m³，林業排水処理事業等が547.86円/m³の順であった。

　一方，分流式下水道等に要する経費を控除する前の汚水処理原価では，2008年度以降も控除後ほどの低下が認められず，経年的にも公共下水道と特環下水道では低下傾向であるが，農業集落排水事業ではほとんど変化が認められず，その他の事業では逆に上昇する傾向が認められた。2016年度における各事業の控除前の値を比較すると，公共下水道が最も安く167.15円/m³，ついで浄化槽事業が335.22円/m³，特環下水道が422.10円/m³，農業集落排水事業が532.41円/m³，漁業集落排水事業が691.47円/m³，林業排水処理事業等が968.62円/m³の順となっている。

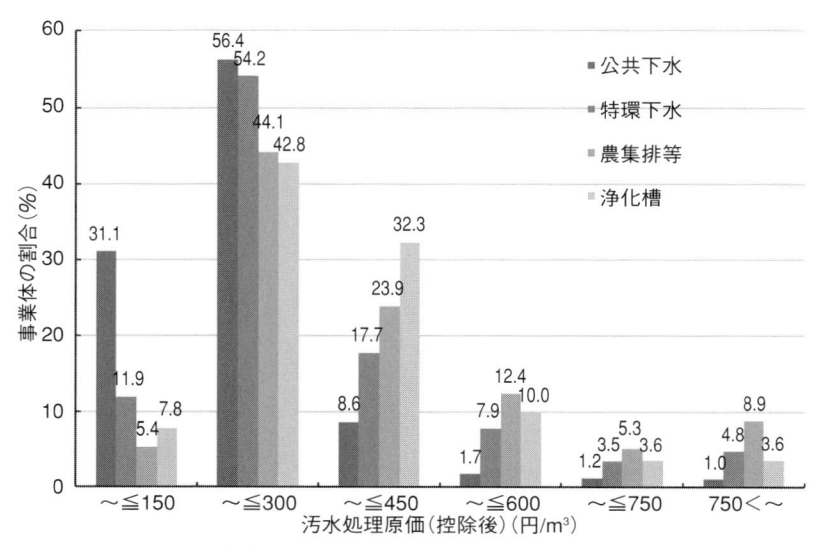

図2.6　各事業における汚水処理原価（控除後）の分布

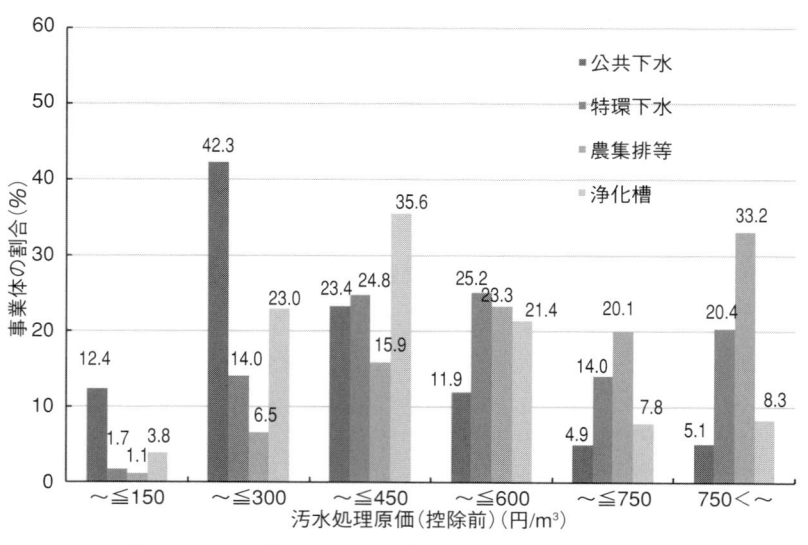

図2.7　各事業における汚水処理原価（控除前）の分布

　この控除前後の差は，不採算経費と位置付けられており，2016年度の各事業におけるこの経費を求めてみると，公共下水道が29.30円/m³，浄化槽事業が64.49円/m³，特環下水道が189.53円/m³，農業集落排水事業が255.37円/m³，漁業集落排水事業が314.43円/m³，林業集落排水事業等が420.76円/m³と高い値で，公共下水道および浄化槽事業では控除前汚水処理原価の20％弱，その他の事業では同じく50％弱を占めており，総額で4,816億円（2015年度は4,588億円）となっている。

2.2.5　経費回収率

　経費回収率とは，汚水処理に要した費用に対する使用料による回収程度を示す指標である。下水道の経営は，経費の負担区分を踏まえて汚水処理費すべてを使用料によって賄うことが原則であることから，経費回収率は下水道事業の経営を最も端的に表わしている指標といわれている。

　この指標の影響因子について，「平成26年度下水道事業経営指標・下水道使用料の概要」ではつぎのように解説している[15]。『事業別・類型別使用料等の概況をみると，供用開始後年数が小さいほど，回収率は小さくなっている。これは，供用開始後間もない事業体においては，有収水量が少なく，汚水処理費の多くを賄えない状況にあるためと思われる。このような事業体では，汚水処理費すべてを使用料の対象経費とすると，その結果，使用料が著しく高額となるため，過渡的に使用料の対象とする資本費の範囲を限定している場合がある。しかし，汚水処理費については，経費の負担区分に基づき一般会計等が負担する経費を除き，維持管理費，資本費にかかわらず，使用料対象経費とすべきことが原則である。よって，有収水量の確保を図ることにより，早急に資本費を使用料対象経費とするよう努めるべきである。また，供用開始後間もない団体にあっても，少なくとも維持管理費は使用料により回収すべきである。経費回収率（維持管理費）が100％を下回っている団体は，早急に，組織の簡素合理化，定員管理の適正化，業務の民間委託等を推進することにより，経費の徹底的な抑制を図る一方，使用料の適正化を図ることにより，回収率の向上に取り組む必要がある。』

　また，(公社)日本下水道協会が2014年６月18日に公表した「下水道経営改善ガイドライン」では，経費回収率（控除後）について，使用料の適正な設定等の観

点から，80%未満を早急に改善が必要なCランクに設定している[16]。

　公共下水道，特環下水道，農業集落排水事業等および浄化槽事業における事業体別の経費回収率を整理し，図2.8に示す。また，控除前経費回収率が上位の事業体を表2.12に示す。

　控除前経費回収率の最頻値は，公共下水道が「40%超60%以下」，その他の事業が「20%超40%以下」であり，おもな事業の平均値を降順で並べると，公共下水道が82.5%，特定地域生活排水処理事業が49.2%，特環下水道が38.5%，農業集落排水事業が29.0%，と公共下水道以外は低い状況である。

　経費回収率が100%以上と必要経費が賄えているのは，公共下水道が110事業体（全体の9.4%），特環下水道が16事業体（同2.2%），農業集落排水事業等が11事業体（同0.9%），浄化槽事業が5事業体（同1.2%）の合わせて142事業体と全体の4.0%でしかない状況である。

　一方，控除後経費回収率は，各事業とも控除前に比べ1〜2階級高くなり，おもな事業の平均値を降順で並べると，公共下水道100.0%，特環下水道69.8%，特定地域生活排水処理事業60.0%，農業集落排水事業55.7%となる。また，100%以上は，公共下水道が335事業体（全体の28.6%），特環下水道が102事業体（同14.1%），農業集落排水事業等が84事業体（同7.0%），浄化槽事業が23事業体（同5.5%）の合わせて544事業体と全体の15.5%まで増加するが，それでもまだ低い状況である。

　さらに，経費回収率（維持管理費）が100%を下回り，総務省からイエローカードが出されている事業体は，公共下水道が232事業体（全体の19.8%），特環下水道が375事業体（同51.9%），農業集落排水事業等が1,009事業体（同84.3%）の合わせて1,616事業体（同52.3%）もある。

　このような下水道事業の経営状況について，神林章元氏（元(公社)日本下水道協会理事）は，2013年6月19日付けの日本下水道新聞に「国土強靱化と下水道」という見出しで，以下のように述べている[17]。『公共事業費の増額といっても，平成4〜13年度のバラマキ時代とは状況が全く違います。(中略)具体的には，「元利償還費，維持管理費を含めたライフサイクルコスト最少」を念頭に，どこで打ち止めにするか決断し，速やかに戦線整理を図ることです。逆にリードタイムの長い事業，新規工区の着手，優先順位のはっきりしない総花式投資等

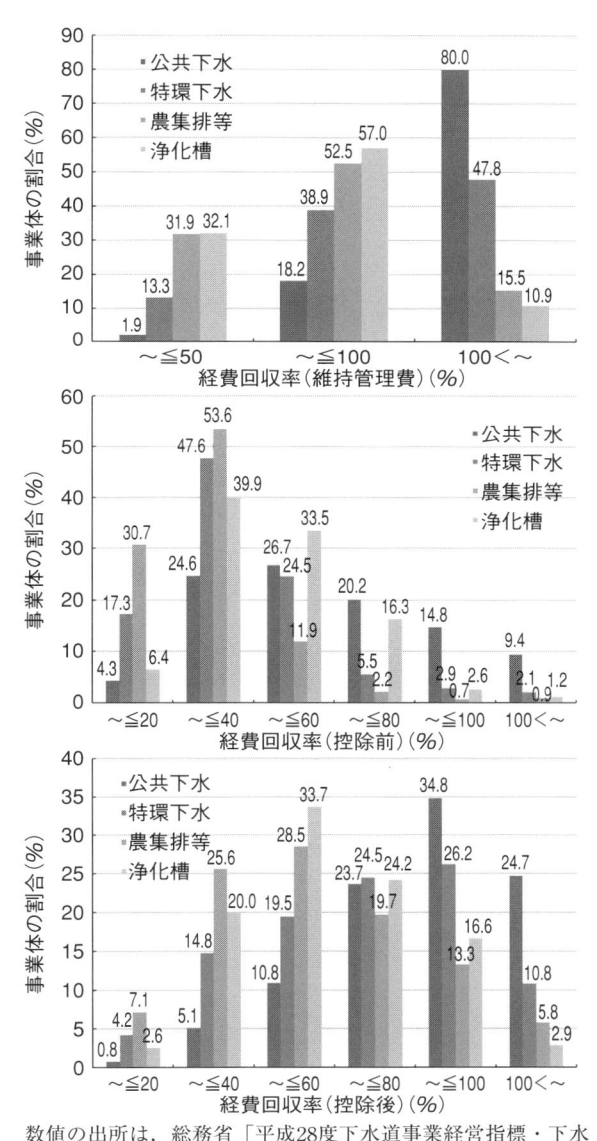

数値の出所は，総務省「平成28度下水道事業経営指標・下水道使用料の概要」，事業名の区分は図2.1と同じ

図2.8　事業別の経費回収率（控除前，控除後，維持管理費）の分布

はすべきでないと思います。新規着手はあり得ない話です。「先行投資」「市街化区域」も死語にしなければなりません。（中略）経営の時代と言われても，経営できる施設整備が前提です。費用の７〜８割が元利償還費では，経営努力の余地も限られてしまいます。市町村長さんをはじめ読者の皆様には「経営は自己責任である。国は経営責任を負う立場にない」ことを肝に銘じ，前回のバラマキ時代の補正に次ぐ補正，予算消化要請から一転引き締めにあって苦労された経験を思い起こし，限られた時間と金の効用を最大化し将来にわたり経営可能な下水道を造ってください。』

2.2.6　処理区域内人口１人当たりの地方債現在高

　処理区域内人口１人

表2.12　控除前の経費回収率の上位事業体(2016年度)

2016年度 上位事業体 団体名	事業名	経費回収率 控除前 (%)	経費回収率 控除後 (%)	一般家庭 使用料 (円/20m³·月)	供用開始 後年数 (年)	地方債 現在高 (千円/人)
1 鳥取県南部町	小規模集	258.5	258.5	3,780	12	422
2 東京都多摩市	公共下水	196.7	196.7	2,030	51	7
3 千葉県柏市	特環下水	187.8	187.8	2,314	23	174
4 愛知県蒲郡市	特環下水	181.5	181.5	2,257	24	408
5 群馬県高崎市	特環下水	179.9	179.9	2,134	36	48
6 長野県売木村	農業集落	178.8	178.8	4,000	19	548
7 茨城県ひたちなか 広域組*	公共下水	176.1	176.1	4,536	26	0
8 東京都福生市	公共下水	160.4	160.4	1,036	39	64
9 大阪府守口市	公共下水	155.2	155.2	2,018	51	98
10 東京都昭島市	公共下水	153.6	154.8	1,323	39	49
11 北海道滝川市	公共下水	144.5	144.5	3,954	41	200
12 埼玉県日高市	特環下水	143.6	143.6	2,710	25	54
13 北海道釧路市	公共下水	140.6	140.6	4,421	57	158
14 岩手県洋野町	個別排水	140.3	140.3	2,592	32	80
15 兵庫県尼崎市	公共下水	138.9	138.9	1,683	58	74
16 大阪府池田市	特環下水	138.8	138.8	1,328	38	73
17 神奈川県横浜市	公共下水	135.2	135.2	1,998	55	202
18 愛知県津島市	公共下水	135.0	140.3	2,777	53	71
19 兵庫県川西市	公共下水	134.3	155.3	2,106	43	88
20 岩手県一戸町	特定地域	134.2	151.5	4,970	14	148
21 東京都小平市	公共下水	129.4	129.4	1,625	42	41
22 千葉県酒々井町	特環下水	129.3	129.3	2,163	35	144
23 愛知県日進市	農業集落	129.1	129.1	2,052	21	0
24 北海道栗山町	特環下水	128.0	421.5	4,662	20	523
25 福島県伊達市	農業集落	127.9	127.9	3,520	37	0
26 東京都小金井市	公共下水	127.0	127.0	1,134	44	12
27 北海道千歳市	公共下水	126.7	126.7	2,239	41	107
28 宮城県仙台市	公共下水	126.1	126.1	1,882	53	192
29 福島県三春町	農業集落	125.3	128.5	4,806	24	255
30 東京都狛江市	公共下水	125.0	125.0	1,509	45	47
31 福島県三春町	公共下水	124.9	124.9	4,806	17	405
32 秋田県男鹿市	公共下水	124.5	166.5	3,240	28	547
33 長野県宮田村	公共下水	124.1	163.8	3,996	25	143
34 大阪府東大阪市	公共下水	123.6	123.6	2,049	49	315
35 千葉県千葉市	特環下水	123.5	123.5	1,998	21	306
36 福岡県福岡市	公共下水	123.2	123.2	2,602	55	261
37 東京都調布市	公共下水	122.2	122.2	1,252	45	30
38 北海道帯広市	公共下水	122.1	122.1	2,916	57	152
39 北海道函館市	公共下水	121.6	121.6	2,959	68	234

表2.12　つづき

40	長野県飯田市	特環下水	121.6	128.2	3,727	19	484
41	兵庫県三田市	公共下水	121.5	138.8	1,587	32	48
42	東京都武蔵村山市	公共下水	121.4	141.9	1,386	38	22
43	埼玉県三芳町	公共下水	121.2	121.2	1,512	34	32
44	長野県松本市	公共下水	120.9	122.0	3,080	58	113
45	京都府京都市	公共下水	120.8	120.8	1,976	83	225
46	東京都東京都	公共下水	120.3	120.3	2,030	65	161
47	兵庫県伊丹市	公共下水	120.1	120.1	1,695	48	170
48	兵庫県加西市	特環下水	119.9	119.9	3,650	23	572
49	兵庫県小野市	公共下水	119.6	135.0	2,732	27	169
50	新潟県魚沼市	公共下水	118.6	135.1	4,039	25	321

＊：茨城県ひたちなか広域組：茨城県ひたちなか・東海広域事務組合
○事業名の区分は表2.3と同じ
○数値の出所は，総務省「平成28年度下水道事業経営指標・下水道使用料の概要」

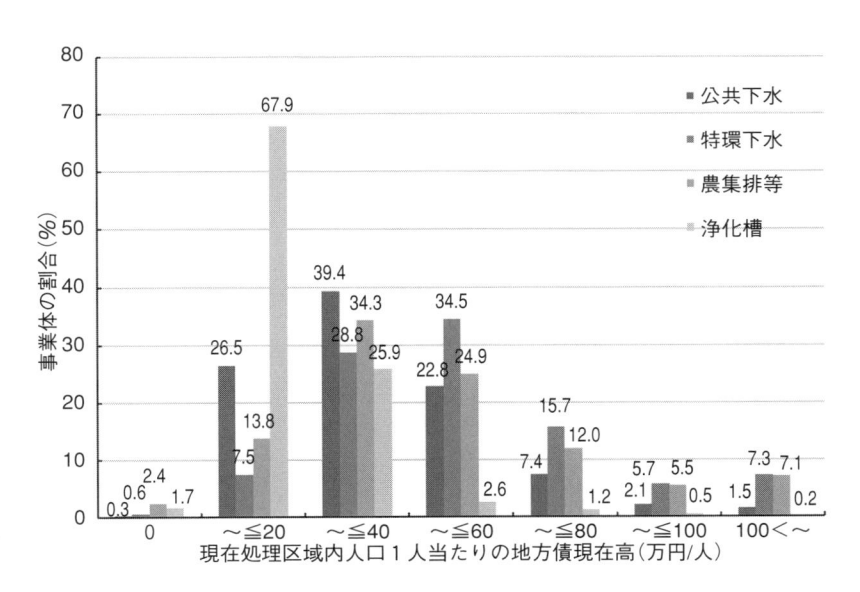

○数値の出所は，総務省「平成28年度下水道事業経営指標・下水道使用料の概要」
○事業名の区分は図2.1と同じ

図2.9　現在処理区域内人口１人当たりの地方債現在高の分布

当たりの地方債現在高は，財政状態の健全性を表わす指標の１つで，2016年度末の地方債現在高を現在処理区域内人口で除して算出したものである。なお，地方債現在高は，2001年度（33.4兆円）までは年々増加していたが建設投資額の減少に伴い減少する傾向が認められ，2016年度末における値は25.5兆円（2015年度末26.4兆円）である。

　公共下水道，特環下水道，農業集落排水事業等および浄化槽事業における事業体別の現在処理区域内人口１人当たりの地方債現在高を整理し，図2.9に示した。

　１人当たりの地方債現在高を20万円間隔で整理すると最頻値は，浄化槽事業が「０円超20万円以下」，公共下水道と農業集落排水事業等が「20万円超40万円以下」，特環下水道が「40万円超60万円以下」であり，おもな事業の平均値を昇順で並べると，特定地域生活排水処理事業が9.7万円，公共下水道がその２倍の21.8万円，農業集落排水事業が約４倍の40.7万円，特環下水道が約５倍の47.5万円である。なお，借金がゼロの事業体は，公共下水道が３事業体，特環下水道が４事業体，農業集落排水事業等が29事業体など，3,513事業のうち1.2％に相当する43事業体（2015年度は38事業体）しかない。

　次に，処理人口１人当たりの地方債現在高が上位の事業体を表2.13に示す。

　最も高いのは北海道鹿追町の特環下水道の1,170万円（2015年度は1,045万円），次いで北海道森町の特環下水道の1,093万円（同835万円）と，この２事業体がきわめて高い値で，地方債現在高より処理区域内人口のほうが減少割合が大きいため上昇する傾向が認められる。次いで，青森県の特環下水道の704万円（同672万円），北海道中標津町の特環下水道の626万円（同830万円），長野県木祖村の小規模集合の621万円（同669万円），青森県十和田市の特環下水道の593万円（同519万円），兵庫県香美町の小規模集合の516万円（同555万円），大阪府岸和田市の特環下水道の506万円（同556万円）など，特環下水道や小規模集合排水処理事業などが上位を占めている。

2.2.7　下水道事業への繰出額

　公営企業繰出金について，総務省の資料[18]によると，以下のように説明されている。

　「地方公営企業は，企業性（経済性）の発揮と公共の福祉の増進を経営の基本

表2.13　現在処理区域内人口 1 人当たりの地方債現在高（2016年度）

平成28年度 上位　　30事業体 団体名	事業名	処理区域内 人口 1 人 当たりの 地方債 （千円／人）	処理区域 内人口 （人）	供用開始 後年数 （年）	水洗化率 （％）	施設 利用率* （％）
1　北海道鹿追町	特環下水	11,704	15	23	100.0	47.8
2　北海道森町	特環下水	10,931	13	2	69.2	0.0
3　青森県	特環下水	7,036	379	26	79.2	6.0
4　北海道中標津町	特環下水	6,264	21	17	100.0	18.4
5　長野県木祖村	小規模集	6,212	25	19	100.0	0.7
6　青森県十和田市	特環下水	5,933	109	26	52.3	9.0
7　兵庫県香美町	小規模集	5,159	38	14	92.1	14.3
8　大阪府岸和田市	特環下水	5,062	52	18	73.1	83.8
9　島根県隠岐の島町	特環下水	4,324	162	19	93.2	31.4
10　静岡県静岡市	特環下水	4,167	34	24	73.5	47.9
11　新潟県湯沢町	特環下水	3,897	431	24	85.2	7.2
12　福岡県古賀市	農業集落	3,859	330	13	90.9	39.6
13　滋賀県長浜市	小規模集	3,645	24	18	100.0	45.0
14　秋田県仙北市	特環下水	3,433	51	25	98.0	0.0
15　秋田県	特環下水	3,245	111	26	88.3	0.0
16　山梨県丹波山村	小規模集	3,092	13	20	100.0	70.0
17　大阪府千早赤阪村	特環下水	2,714	39	20	79.5	0.0
18　京都府亀岡市	小規模集	2,478	54	17	100.0	54.2
19　新潟県魚沼市	小規模集	2,433	19	13	100.0	50.0
20　高知県須崎市	公共下水	2,347	1,694	35	73.1	24.8
21　宮城県石巻市	漁業集落	2,344	50	13	70.0	27.6
22　兵庫県川西市	特環下水	2,276	143	19	81.8	0.0
23　青森県弘前市	小規模集	2,237	26	19	92.3	31.3
24　岡山県高梁市	農業集落	2,227	55	15	100.0	40.7
25　北海道留寿都村	農業集落	2,197	49	18	85.7	43.8
26　山梨県市川三郷町	農業集落	2,192	128	18	56.3	36.5
27　北海道上川町	特環下水	2,175	216	29	100.0	56.6
28　石川県七尾市	小規模集	2,174	44	15	100.0	46.9
29　兵庫県篠山市	小規模集	2,063	39	19	94.9	16.7
30　徳島県阿南市	公共下水	2,025	2,382	6	53.9	20.6

○数値の出所は，総務省「平成28年度下水道事業経営指標・下水道使用料の概要」

○事業名の区分は**表2.3**と同じ

＊：施設利用率（％）とは，施設設備が 1 日に対応可能な処理能力に対する 1 日平均処理水量
　　の割合であり，施設の利用状況や適正規模を判断する指標

$$施設利用率（％）＝ \frac{晴天時 1 日平均処理水量}{晴天時現在処理能力} ×100$$

原則とするものであり，その経営に要する経費は経営に伴う収入（料金）をもって当てる独立採算制が原則とされる。

しかし，地方公営企業法上，

ア．その性質上企業の経営に伴う収入をもって充てることが適用でない経費（例：公共の消防のための消火栓に要する経費）

イ．その公営企業の性質上能率的な経営を行なってもなおその経営に伴う収入のみをもって充てることが客観的に困難であると認められる経費（例：へき地における医療の確保を図るために設置された病院に要する経費）

等については，補助金，負担金，出資金，長期貸付金等の方法により一般会計等が負担するものとされており，この経費負担区分ルールについては毎年度「繰出基準」として総務省より各地方公共団体に通知されている。

このような経費負担区分により，一般会計等において負担すべきこととされた経費の所要財源については，原則として「公営企業繰出金」として地方財政計画に計上され，地方交付税の基準財政需要額への算入または特別交付税を通じて財源措置が行われている。」

一般会計から下水道事業会計への繰入額（以下，繰出額とする）は，2003年度の2兆1,718億円をピークに年々減少傾向で，2010年度以降は横ばい状態であり，2016年度は1兆7,514億円（2015年度は1兆7,947億円）である。

使用料収入額と比べると，2006年度には約5,000億円と多額であったのが，使用料収入額の増加に伴いその差が小さくなり，2012年度以降は約2,700億円前後となった。

この繰出額について，財務省の資料[19]（図2.10参照）では『本来，使用料収入で賄うべき部分にまで多額の繰出金を投入することを前提としており，地方交付税で財源保障されている地方財政計画（地方の財源不足）の拡大要因となっている。その上，実際には，この引き下げられた割合の使用料回収すら十分に行われておらず，繰出基準外の繰入がさらに0.3兆円弱生じている状況。』と指摘している。

下水道会計への繰出について，2010年10月20日付の毎日新聞には以下のように記述されている。『ある公認会計士は「民間にはもう一つの財布などなく，利子付きで金を借り，売った金で借金を返す。下水道を使っていない人のお金

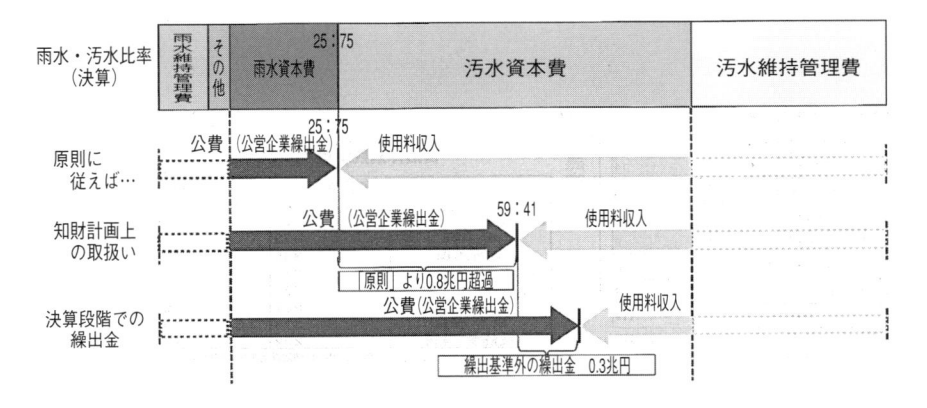

出典：財務省，2014年11月 7 日開催の財政制度分科会の配付資料「地方財政について」

図2.10　下水道事業への繰出金について

まで流用しなければいけないなら，経営は成立していない。」と指摘していま
す。』

　さらに，2018年 4 月25日に開催された財政制度分科会の配付資料「地方財政」
の公営企業改革に，次のような記述がある[20]。

　「地方公営企業は，経営に伴う収入（料金）で経費を賄う独立採算制が原則。
ただし，繰出基準を満たす一定の経費については，地方公共団体の一般会計等
が負担することとされており，地方財政計画において「公営企業繰出金」とし
て計上。この他，基準に基づかない繰出金（基準外繰出金）が，収支の赤字補填
等のために公営企業会計に繰り入れられており，その額は0.7兆円に上る。」

　また，総務省が2017年 3 月31日に公開した経営戦略策定ガイドライン改訂版
の「使用料改定に関する事項」の部分には「将来にわたって安定的に事業を継
続して行くには，他会計からの繰入金に過度に依存せず，中長期的に自立・安
定した経営基盤を築く必要があること。（略）使用料収入ではなく，一般会計か
らの繰入（租税収入を財源とする。）により汚水処理原価を回収することは，下
水処理施設が普及していることによりその便宜を享受できる住民とそうでない
住民との間に不公平が生じることなどを踏まえたうえで，使用料の適正化を図
ることが重要である。」と示されている[8]。

いい換えると，下水道事業は，下水道使用料とほぼ同額の一般会計等からの繰出金によって運営されており，その繰出金額の7割強が地方交付税で措置されていることから，人口減少や地域経済の縮小状況下においても使用料収入額が増加し続けない限り，地方交付税の増減によりその経営状況が大きく影響されることが想定される。

総務省の「平成28年度市町村別決算状況調」[21]によると，2016年度の下水道会計への繰出は，市部（東京23区を除く）では791市のうち774市で，町村部では927町村のうち819町村で，合わせて1,593市町村で実施され，その額は市部で1兆2,948億円（2015年度1兆3,330億円），町村部で1,948億円（同1,976億円），合わせて1兆4,896億円（同1兆5,306億円）となっている。なお，繰出を実施していない17市のうち，公共下水道や農業集落排水事業等の供用を開始しているのは愛知県蒲郡市だけである。

住民1人当たりの下水道会計への繰出額の市町村数の分布を図2.11に，同様に操出額の上位の自治体を表2.15に示す。

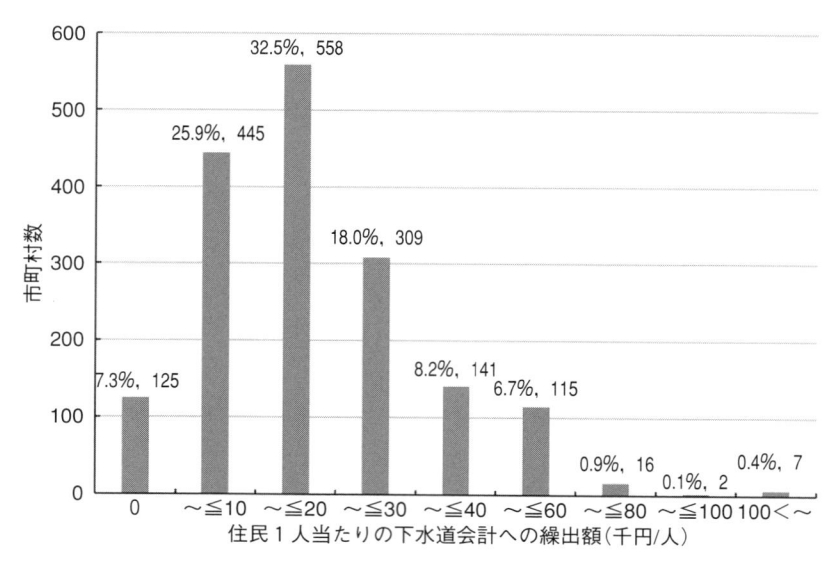

○数値の出所は，総務省「平成28年度市町村別決算状況調」

図2.11　住民1人当たりの下水道会計への繰出額の市町村数の分布

　住民1人当たりの下水道会計への繰出額は，1万円ごとで区分すると最頻値が「1万円超2万円以下」で，1,718市町村の平均が12.0千円，繰出を実施している1,593市町村の平均が12.7千円，中央値が15.3千円である。下水道会計への繰出額の上位の自治体は，山梨県丹波山村が255.4千円と最も高く，次いで山梨県小菅村が194.2千円，北海道泊村が181.8千円，宮城県松島町が138.0千万円，東京都檜原村が134.6千円，宮城県女川町が120.1千円，新潟県刈羽村が103.5千円の順で，計7町村が住民1人当たりの繰出額が10万円を超えている。

表2.15　住民1人当たりの下水道会計繰出額（2016年度）

No.	市町村名	A 住民数* （人）	B 繰出額 （千円）	B／A （千円／人）
1	山梨県丹波山村	599	152,975	255.4
2	山梨県小菅村	740	143,706	194.2
3	北海道泊村	1,739	316,107	181.8
4	宮城県松島町	14,663	2,023,312	138.0
5	東京都檜原村	2,283	307,309	134.6
6	宮城県女川町	6,735	808,670	120.1
7	新潟県刈羽村	4,715	488,007	103.5
8	宮城県東松島市	40,268	3,876,300	96.3
9	岡山県美作市	28,733	2,347,300	81.7
10	島根県知夫村	605	47,247	78.1
11	福島県富岡町	13,597	1,059,237	77.9
12	宮城県塩竈市	55,233	4,240,822	76.8
13	福島県昭和村	1,326	99,244	74.8
14	新潟県湯沢町	8,182	596,085	72.9
15	福井県高浜町	10,682	773,648	72.4
16	鹿児島県三島村	379	27,277	72.0
17	東京都奥多摩町	5,270	374,398	71.0
18	長野県川上村	4,025	282,402	70.2
19	北海道初山別村	1,235	85,841	69.5
20	山梨県山中湖村	5,846	399,100	68.3
21	岡山県新庄村	953	64,773	68.0
22	東京都利島村	315	20,954	66.5
23	福島県北塩原村	2,913	191,615	65.8
24	岡山県和気町	14,564	956,035	65.6
25	福島県金山町	2,196	134,972	61.5

＊2017年1月1日住民基本台帳人口
○数値の出所は，総務省「平成28年度市町村別決算状況調」

次に，下水道事業会計への繰出が市町村財政に及ぼす影響について，地方自治体が住民に提供するサービスの財源の基本である「地方税」に対する「下水道事業会計への繰出額」の割合(以下，繰出割合とする)を算出した。

なお，市町村における歳入は，一般財源(使途が特定されず，どのような経費にも使用できる財源)と，特定財源(国庫補助金等，その使途が特定される財源)に大別され，一般財源の多い市町村は，それだけ自らの意志やプランによって住民への財やサービスを提供することができる。地方税が一般財源に占める割合は，全国平均で70%弱(平成30年版(平成28年度決算)地方財政白書)[22]である。

2016年度(平成28年度)における繰出割合は，774市の加重平均が7.8%，819町村の加重平均が14.4%で，その分布を図2.12に示す。また，2016年度における繰出割合が高い自治体を表2.16〜2.17に示す。

繰出割合は，全体の41%を占める658市町村が10%以下で，割合が高くなる

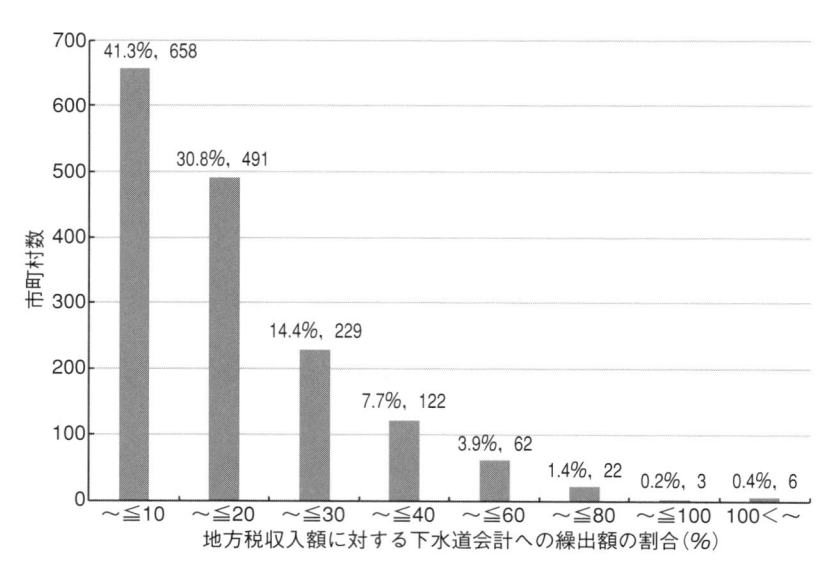

○数値の出所は，総務省「平成28年度市町村別決算状況調」

図2.12　地方税収入額に対する下水道会計への繰出額の割合(2016年度，1,593市町村)

表2.16　地方税収入に対する下水道会計への繰出額の割合（市区分のワースト30）

No.	2016年度ワースト30	A 下水道会計繰出額（千円）	B 地方税収入額（千円）	A／B（%）	参考値 A／B	
					2013年度（%）	2010年度（%）
1	宮城県東松島市	3,876,300	3,614,977	107.2	81.1（ 4）	18.4（ 106）
2	北海道歌志内市	195,151	216,244	90.2	111.8（ 2）	77.4（ 1）
3	岡山県美作市	2,347,300	3,019,464	77.7	75.3（ 5）	72.9（ 2）
4	宮城県塩竈市	4,240,822	5,808,220	73.0	49.4（ 7）	21.1（ 77）
5	島根県雲南市	2,051,595	4,036,598	50.8	44.2（ 9）	33.1（ 14）
6	宮城県気仙沼市	3,119,202	6,489,775	48.1	9.4（ 382）	10.1（ 352）
7	岩手県釜石市	1,883,826	4,232,464	44.5	30.8（ 32）	5.6（ 610）
8	北海道三笠市	366,842	881,770	41.6	55.1（ 6）	38.6（ 7）
9	新潟県魚沼市	1,608,000	4,029,014	39.9	41.0（ 10）	45.8（ 3）
10	兵庫県たつの市	4,115,028	10,941,392	37.6	37.6（ 13）	31.6（ 20）
11	宮城県石巻市	6,617,729	17,637,267	37.5	35.4（ 17）	15.3（ 168）
12	岡山県備前市	1,838,316	4,925,628	37.3	39.1（ 11）	32.2（ 17）
13	新潟県佐渡市	1,905,273	5,207,528	36.6	35.6（ 16）	31.3（ 22）
14	新潟県村上市	2,443,575	6,717,041	36.4	35.7（ 15）	31.7（ 19）
15	兵庫県篠山市	1,857,300	5,200,344	35.7	32.4（ 24）	29.9（ 26）
16	兵庫県養父市	858,211	2,420,508	35.5	36.6（ 14）	35.4（ 10）
17	長野県飯山市	893,863	2,584,650	34.6	38.9（ 12）	41.9（ 4）
18	岐阜県海津市	1,444,000	4,232,352	34.1	30.1（ 33）	29.7（ 27）
19	北海道美唄市	707,056	2,106,455	33.6	33.1（ 22）	35.7（ 9）
20	岡山県新見市	1,154,819	3,452,584	33.4	34.4（ 21）	39.9（ 6）
21	広島県江田島市	853,391	2,554,417	33.4	35.1（ 18）	35.1（ 11）
22	岩手県陸前高田市	572,831	1,715,756	33.4	84.4（ 3）	30.0（ 25）
23	岐阜県下呂市	1,552,616	4,683,256	33.2	32.4（ 24）	34.6（ 12）
24	兵庫県宍粟市	1,496,886	4,631,734	32.3	30.7（ 33）	28.1（ 35）
25	滋賀県高島市	1,844,869	5,746,416	32.1	29.9（ 36）	31.3（ 21）
26	兵庫県南あわじ市	1,845,200	5,766,181	32.0	32.1（ 28）	27.9（ 36）
27	兵庫県相生市	1,361,545	4,300,584	31.7	32.1（ 28）	28.9（ 31）
28	兵庫県西脇市	1,534,115	4,882,173	31.4	31.8（ 30）	29.4（ 29）
29	兵庫県淡路市	1,604,200	5,141,569	31.2	34.6（ 20）	33.9（ 13）
30	京都府南丹市	1,317,637	4,232,459	31.1	32.4（ 24）	41.1（ 5）

○「参考値」の（　）内は各年度の順位
○繰出実施の775市の加重平均値：7.8%（≒12,948億円／166,093億円）2016年度
○繰出実施の773市の加重平均値：8.1%（≒13,330億円／164,674億円）2015年度
○数値の出所は，総務省「平成28年度市町村別決算状況調」

表2.17 地方税収入に対する下水道会計への繰出額の割合（町村区分のワースト30）

No.	2016年度 ワースト30	A 下水道会計繰出額 （千円）	B 地方税収入額 （千円）	A／B （%）	参考値 A／B	
					2013年度 （%）	2010年度 （%）
1	山梨県丹波山村	152,975	49,658	308.1	319.8（ 1）	280（ 1）
2	山梨県小菅村	143,706	77,620	185.1	250.4（ 2）	220（ 2）
3	東京都檜原村	307,309	203,213	151.2	136.2（ 5）	90.3（ 9）
4	宮城県松島町	2,023,312	1,696,944	119.2	30.6（ 184）	23.4（ 281）
5	福島県昭和村	99,244	86,609	114.6	142.9（ 3）	166（ 3）
6	島根県知夫村	47,247	48,817	96.8	139.6（ 4）	133（ 4）
7	福島県浪江町	485,386	508,766	95.4	117.1（ 6）	20.9（ 322）
8	鹿児島県三島村	27,277	35,247	77.4	67.4（ 16）	62.9（ 29）
9	青森県佐井村	124,086	160,931	77.1	61.7（ 28）	54.4（ 44）
10	北海道初山別村	85,841	119,145	72.0	87.1（ 9）	69.5（ 19）
11	長崎県小値賀町	114,320	159,794	71.5	95.4（ 8）	45.8（ 66）
12	北海道古平町	145,553	209,591	69.4	53.8（ 41）	39.8（ 94）
13	長野県木島平村	278,672	409,220	68.1	66.5（ 20）	67.0（ 26）
14	青森県新郷村	130,500	196,698	66.3	69.7（ 13）	57.8（ 35）
15	北海道寿都町	153,212	233,794	65.5	70.8（ 12）	32.3（ 162）
16	鹿児島県大和村	52,600	83,025	63.4	27.5（ 218）	37.9（ 111）
17	熊本県相良村	208,197	331,868	62.7	67.5（ 15）	61.8（ 31）
18	鳥取県若桜町	151,388	242,339	62.5	82.3（ 10）	88.9（ 10）
19	岩手県山田町	752,560	1,205,340	62.4	28.3（ 208）	20.1（ 329）
20	長野県小川村	113,574	182,607	62.2	67.3（ 17）	88.4（ 11）
21	岡山県和気町	956,035	1,551,046	61.6	66.8（ 19）	67.9（ 22）
22	秋田県八峰町	342,129	559,705	61.1	66.2（ 21）	70.7（ 18）
23	奈良県黒滝村	39,700	65,237	60.9	55.8（ 38）	50.2（ 54）
24	愛媛県上島町	345,500	569,188	60.7	56.7（ 36）	68.9（ 21）
25	福島県富岡町	1,059,237	1,752,353	60.4	72.6（ 11）	20.0（ 332）
26	長野県佐久穂町	653,807	1,082,640	60.4	64.4（ 22）	67.3（ 25）
27	岩手県大槌町	596,764	994,539	60.0	41.9（ 89）	23.7（ 276）
28	島根県奥出雲町	702,486	1,223,019	57.4	42.6（ 84）	39.6（ 95）
29	島根県海士町	118,452	206,466	57.4	59.1（ 30）	120（ 5）
30	岩手県西和賀町	293,572	512,596	57.3	57.3（ 34）	48.5（ 61）

○「参考値」の（ ）内は各年度の順位
○繰出実施の819町村の加重平均値：14.4%（≒1,948億円／13,558億円）2016年度
○繰出実施の820町村の加重平均値：14.7%（≒1,978億円／13,471億円）2015年度
○数値の出所は，総務省「平成28年度市町村別決算状況調」

に伴い市町村数が低下する傾向が認められるが，51市町村が50％超え，山梨県丹波山村（308.1），山梨県小菅村（185.1），東京都檜原村（151.2），宮城県松島町（119.2），福島県昭和村（114.6）および宮城県東松島市（107.2）の計1市1町4村の6自治体が100％超え（地方税＜下水道繰出額）と人口減少が著しい地方自治体と震災復興事業実施自治体が高くなる傾向であり，今後，下水道や農業集落排水施設といった集合処理施設が高い整備率の市町村において，企業の撤退や人口減少が進展すると，このような事象が起きると考えられる。

　なお，東日本大震災の被災地の市では震災前後の値を比較（2016年度/2010年度）すると，たとえば宮城県東松島市が18.4％→107.2％と6倍に跳ね上がっているが，その理由は，公営企業に係わる復旧・復興事業については，一般会計から公営企業会計への繰出基準の特例措置（当該繰出金についてはその全額を震災復興特別交付税により措置）を適用したためである。

—参考文献—

1)　国立社会保障・人口問題研究所：日本の地域別将来推計人口（平成30（2018）年推計）概要，（http://www.ipss.go.jp/pp-shicyoson/j/shicyoson18/1kouhyo/gaiyo_s.pdf），（2018）.

2)　日本経済新聞電子版：全都道府県　30年に人口減，2018年3月30日付（2018）.

3)　産経ニュース：【主張】地域別人口推計　街たたむ議論に踏み込め，2018年4月2日付（2018）.

4)　国安克彦，加藤裕之：汚水処理の現状と今後の留意点　第1回汚水処理施設の整備状況（1），月刊浄化槽，**493**，37〜41（2017）.

5)　総務省：平成28年度下水道事業経営指標・下水道使用料の概要（http://www.soumu.go.jp/main_sosiki/c-zaisei/jititai_2/h28/index.html/）（2016）.

6)　総務省：平成28年度地方公営企業決算の概況（http://www.soumu.go.jp/main_content/000545805.pdf/）.

7)　総務省：公営企業の経営に当たっての留意事項（平成26年8月29日総財公第107号　総財営第73号　総財準第83号　総務省自治財政局公営企業課長　総務省自治財政局公営企業経営室長　総務省自治財政局準公営企業室長通知）（2014）.

8)　総務省：経営戦略策定ガイドライン改訂版，平成29年3月31日（http://www.soumu.go.jp/main_content/000477045.pdf/）（2017）.

9)　総務省：平成28年度決算　経営比較分析表（http://www.soumu.go.jp/main_sosiki/c-zaisei/kouei/h28keieihikakubunsekihyo.html）（2016）.

10)　総務省統計局：家計調査年報（家計収支編）（平成29年（2017年））（http://www.stat.go.jp/data/kakei/2015np/index.html/）（2018年6月8日公開）.

11）国土交通省管路施設維持管理業務委託等調査検討会：下水道管路施設の包括的民間委託に関する報告書，平成21年3月，pp.8～9，（http://www.mlit.go.jp/common/001132524.pdf/）(2009).

12）篠田康弘，伊藤岩雄：不明水対策概論，下水道協会誌，**52**(627)37～418(2015).

13）㈱日本政策投資銀行地域企画部：わが国下水道事業経営の現状と課題，p.17(https://www.dbj.jp/pdf/investigate/etc/pdf/book1606_01.pdf)(2016),

14）総務省自治財政局準公営企業室：下水道財政の現状と課題について，第28回全国浄化槽技術研究集会講演要旨集，163～180(2014).

15）総務省：平成26年度下水道事業経営指標・下水道使用料の概要(http://www.soumu.go.jp/main_sosiki/c-zaisei/jititai_2/h26/pdf/0103.pdf)(2016).

16）国土交通省水管理・国土保全局下水道部，(公社)日本下水道協会：下水道経営改善ガイドライン，p.25(http://www.jswa.jp/wp2/wp-content/uploads/2018/03/keiei_20140616_02.pdf)(2014).

17）神林章元：国土強靭化と下水道，日本下水道新聞，平成25年6月19日(2013).

18）総務省：地方公営企業会計制度等の抜本的見直しについて(http://www.soumu.go.jp/main_content/000178065.pdf)

19）財務省：財政制度等審議会財政制度分科会(平成26年11月7日開催)資料(https://www.mof.go.jp/about_mof/councils/fiscal_system_council/sub-of_fiscal_system/proceedings/material/zaiseia261107/02.pdf)

20）財務省：財政制度等審議会財政制度分科会(平成30年4月25日開催)資料(https://www.mof.go.jp/about_mof/councils/fiscal_system_council/sub-of_fiscal_system/proceedings/material/zaiseia300425/01.pdf)

21）総務省：平成28年度市町村別決算状況調(http://www.soumu.go.jp/iken/zaisei/h28_shichouson.html).

22）総務省：平成30年版(平成28年度)地方財政白書(http://www.soumu.go.jp/menu_seisaku/hakusyo/chihou/30data/index.html).

第3章

将来推計人口からみた汚水処理施設整備

3.1 汚水処理施設の整備量

　現在の汚水処理施設の整備量は，2045年の推計人口に対してどの程度の割合になっているのかを下式のように，「2045年推計人口（中位推計）[1]」に対する「2016年度末の汚水処理人口[2]」の割合（以下，「2045年汚水処理施設整備指標」とする。），および「2045年推計人口（中位推計）」に対する「2016年度末の集合処理施設の現在処理区域内人口[2,3]」の割合（以下，「2045年集合処理施設整備指標」とする）を算出した。なお，集合処理人口は，下水道と農業集落排水施設等の処理人口の合計値とした。

$$\begin{array}{c}\text{2045年汚水処理施設の整備量に関する指標}\\(\text{2045年汚水処理施設整備指標})\end{array} = \frac{\text{2016年度末の汚水処理人口}}{\text{2045年推計人口（中位推計）}} \times 100$$

$$\begin{array}{c}\text{2045年集合処理施設の整備量に関する指標}\\(\text{2045年集合処理施設整備指標})\end{array} = \frac{\begin{array}{c}\text{2016年度末の集合処理施設の}\\\text{現在処理区域内人口}\end{array}}{\text{2045年推計人口（中位推計）}} \times 100$$

　都道府県別汚水処理人口普及率，2045年汚水処理施設整備指標，および2045年集合処理施設整備指標を表3.1に示す。また，2045年汚水処理施設整備指標に対する2045年集合処理施設整備指標を図3.1に示す。

　図3.1中の実線は，2045年汚水処理施設整備指標と2045年集合処理施設整備

表3.1　2016年度の都道府県別汚水処理人口普及率，2045年汚水処理および集合処理施設整備指標

	都道府県	汚水処理人口普及率（%）			都道府県	2045年汚水処理施設整備指標			都道府県	2045年集合処理施設整備指標
1	東京都	99.8	(0.2)	1	秋田県	146.3	1	秋田県	126.7
2	兵庫県	98.7	(1.9)	2	山形県	132.0	2	北海道	123.0
3	滋賀県	98.6	(2.7)	3	長野県	128.0	3	富山県	121.7
4	神奈川県	97.9	(1.3)	4	北海道	127.1	4	山形県	120.6
5	京都府	97.8	(2.0)	5	富山県	126.3	5	長野県	120.5
6	長野県	97.6	(5.7)	6	青森県	124.5	6	兵庫県	118.1
7	大阪府	97.4	(2.0)	7	福井県	122.7	7	福井県	116.5
8	富山県	96.3	(3.2)	8	奈良県	122.4	8	大阪府	115.2
9	北海道	95.2	(3.0)	9	兵庫県	121.8	9	京都府	114.9
10	福井県	95.2	(4.8)	10	岐阜県	121.2	10	鳥取県	111.0

表3.1　つづき

11	石川県	93.6（　4.5）	11	鳥取県	118.7	11	奈良県	110.2
12	鳥取県	93.1（　6.0）	12	大阪府	117.6	12	新潟県	109.5
13	岐阜県	91.6（ 10.3）	13	京都府	117.3	13	青森県	108.6
14	福岡県	91.5（　9.2）	14	新潟県	116.7	14	石川県	107.7
15	埼玉県	91.2（　9.7）	15	山口県	116.6	15	滋賀県	107.7
16	山形県	91.2（　7.9）	16	宮城県	115.6	16	岐阜県	107.3
17	宮城県	90.6（　6.7）	17	岩手県	114.6	17	宮城県	106.8
18	愛知県	89.8（ 10.4）	18	宮崎県	114.4	18	神奈川県	106.5
19	奈良県	88.8（　8.6）	19	山梨県	114.0	19	東京都	99.3
20	千葉県	87.5（ 13.0）	20	石川県	113.5	20	岩手県	95.6
21	広島県	87.1（ 11.1）	21	福島県	113.3	21	山口県	94.4
22	新潟県	86.6（　5.3）	22	長崎県	112.0	22	山梨県	94.3
23	山口県	86.2（ 16.4）	23	高知県	111.1	23	福岡県	92.2
24	熊本県	86.1（ 14.4）	24	滋賀県	110.8	24	長崎県	92.2
25	秋田県	86.1（ 11.5）	25	茨城県	110.1	25	埼玉県	91.8
26	栃木県	85.5（ 15.6）	26	栃木県	108.8	26	栃木県	88.9
27	岡山県	85.2（ 16.4）	27	鹿児島県	108.6	27	熊本県	88.9
28	沖縄県	85.2（　9.1）	28	神奈川県	107.9	28	広島県	88.6
29	宮崎県	84.8（ 21.5）	29	三重県	107.2	29	茨城県	88.1
30	三重県	83.5（ 25.3）	30	熊本県	106.8	30	愛知県	86.5
31	茨城県	83.3（ 16.3）	31	愛媛県	106.7	31	千葉県	85.5
32	佐賀県	82.0（ 14.8）	32	佐賀県	103.1	32	宮崎県	85.4
33	福島県	81.8（ 22.1）	33	島根県	103.0	33	佐賀県	84.4
34	山梨県	81.3（ 13.4）	34	福岡県	102.8	34	福島県	82.6
35	岩手県	79.8（ 13.1）	35	埼玉県	102.7	35	島根県	82.1
36	静岡県	79.6（ 15.9）	36	広島県	102.2	36	岡山県	81.6
37	長崎県	79.5（ 13.7）	37	群馬県	101.8	37	静岡県	80.7
38	群馬県	79.3（ 18.7）	38	静岡県	101.4	38	沖縄県	77.8
39	鹿児島県	79.0（ 34.5）	39	岡山県	101.1	39	愛媛県	77.4
40	島根県	78.6（ 15.3）	40	千葉県	100.6	40	群馬県	76.2
41	青森県	78.1（ 10.0）	41	東京都	99.5	41	三重県	74.4
42	愛媛県	77.2（ 21.0）	42	愛知県	98.0	42	大分県	69.2
43	高知県	76.2（ 35.3）	43	大分県	97.9	43	鹿児島県	60.7
44	香川県	75.3（ 29.4）	44	香川県	96.4	44	高知県	59.3
45	大分県	74.9（ 21.9）	45	和歌山県	88.6	45	香川県	58.7
46	和歌山県	62.2（ 30.9）	46	沖縄県	87.2	46	和歌山県	44.5
47	徳島県	58.9（ 37.4）	47	徳島県	83.7	47	徳島県	29.2
	全国	90.4（　9.2）		全国	108.4		全国	97.1
	2015年度	89.9（　9.1）		2015年度	107.1		2015年度	96.2
	2014年度	89.5（　8.9）		2014年度	106.6		2014年度	95.7
	2013年度	88.9（　8.9）		2013年度	106.0		2013年度	95.2

○カッコ内の値は，浄化槽普及率
○2013と2014年度は，東日本大震災の影響で福島県は調査対象外

指標が1：1であり，この実線上にある自治体では，汚水処理施設整備がすべて集合処理施設で行なわれていることを示し，実線から下に離れるほど個別処理施設整備が進んでいることを示す。また，第1象限は，2045年汚水処理施設整備指標および2045年集合処理施設整備指標がともに100を超えているレッドカードグループであり，第4象限は，2045年汚水処理施設整備指標が100を超え，2045年集合処理施設整備指標は100を超えていないイエローカードグループ，第3象限は，両指標とも100を超えていないグループである。

　全国的にみると，2016年度末における汚水処理人口普及率は90.4%であるが，2045年集合処理施設整備指標は97.1，浄化槽等も含む2045年汚水処理施設整備指標は108.4と，全国的には2045年推計人口に対しては生活排水処理施設の整

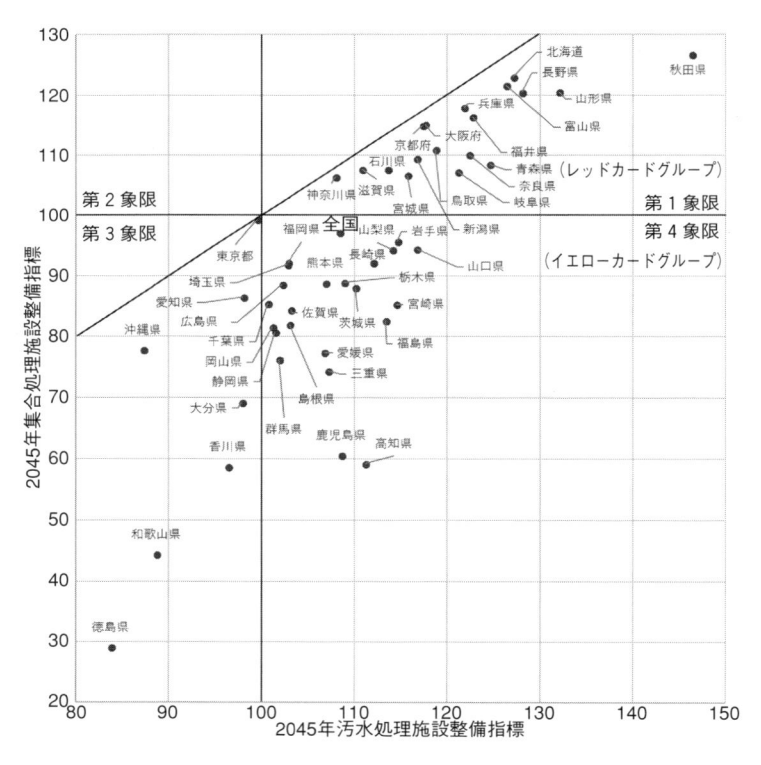

図3.1　2045年汚水処理施設整備指標に対する2045年集合処理施設整備指標

備が概成した状態である。このように，国立社会保障・人口問題研究所が発表する「直前の国勢調査結果に基づき30年後の市区町村別の推計人口」に比べ「汚水処理人口普及率における処理人口」が多くなったのは，2011年度である。

つぎに都道府県別にみると，「2045年集合処理施設整備指標」が100を超えている（レッドカードグループ）のは18道府県，さらに浄化槽も含む「2045年汚水処理施設整備指標」が100を超えている（イエローカードグループ）のは，22県増えて40道府県である。

2045年汚水処理施設整備指標や2045年集合処理施設整備指標が100を超えている，すなわちレッドカードグループやイエローカードグループでは，年を追うごとに整備済みの汚水処理施設の投資効果が低くなり，受益者負担が増加し，新たに整備すればその傾向がより増幅されることを表わしている。

個別処理である浄化槽の場合，2045年汚水処理施設整備指標が100を超えても空き家になったらその浄化槽だけを止めればよいので，人口減少の影響がほとんど認められないが，集合処理の場合には，途中のエリアあるいは処理場に近いエリアで空き家率が上昇し，遠いエリアで1軒でも残っていたら管路設備は生かさざるを得ず，また，中継ポンプ場があれば稼働させなければならず，人口密度の低下が，集合処理の場合には，経営上，致命的な問題となるおそれがある。

3.2　汚水処理施設の整備状況を将来推計人口やDID人口の観点からのグルーピング

1,659市町村（東京都23区と2045年推計人口のデータがない福島県の59市町村を除く全市町村）を前述した「2045年汚水処理施設整備指標」および「2045年集合処理施設整備指標」と，「DIDの有無」および「2015年国勢調査時のDID人口[4]に対する集合処理人口の割合」を加えた4つの指標で整理すると，**図3.2**に示すように9つのグループ（GⅠ～GⅨ）に分類される。なお，DIDとは，人口集中地区（Densely Inhabited District）のことで国勢調査によって設定される。

各グループについては，今後の汚水処理施設の整備（新設・更新含む）におい

て，次のような事項に留意すべきであると考えられる。

(1) DIDがないG I（175），G IV（273）およびG VII（421）の自治体，合わせて869市町村

DIDがないことから，経済性を考えると新設は浄化槽以外は考えられず，立地適正化計画（一部の機能だけではなく，居住や医療・福祉・商業，公共交通等のさまざまな都市機能と，都市全域を見渡したマスタープランとして機能する市町村マスタープランの高度化版）により新たに「集住地区」を設ける場合はその地区のみ集合処理施設を検討する。

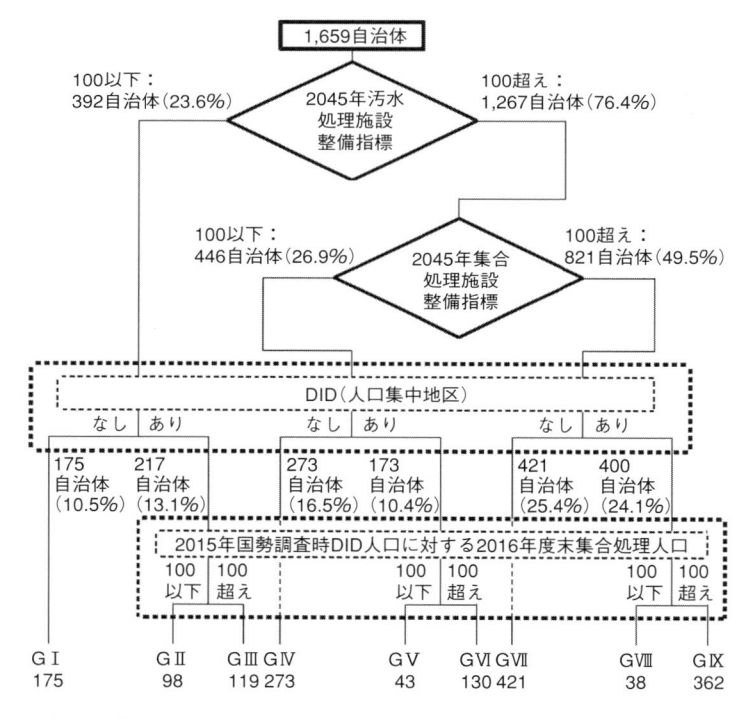

* G I のうち，集合処理施設が整備されているのは111自治体，残り64自治体は集合処理施設がない

* G IVのうち，集合処理施設が整備されているのは201自治体，残り72自治体は集合処理施設がない

図3.2 市町村を将来推計人口やDID人口の観点によるグルーピング

　また，集合処理施設を有する733市町村では，更新にさいし，既設の集合処理区域は，健全な経営計画が作成されている地区，たとえば，他会計からの繰出がなく更新費用が準備できている地域（資産維持費等の積立）等を除き浄化槽に切り替える必要がある。

　とくに，GⅦに属する421自治体では，既整備済みの集合処理施設が，すでに過剰となっているケースが多く，下水道会計への繰出が自治体財政を圧迫していることから，可及的速やかにダウンサイジングを図る必要があると考えられる。

　下水道事業が自治体財政へ及ぼす影響度合いを表わす指標として，「住民1人当たりの下水道会計への繰出額」，「繰出割合」について，各グループ別に加重平均を算出し，表3.2に示す。

　いずれの指標も最も大きいのはGⅦで，住民1人当たりの繰出額は30.9千円（範囲0.0～25.5万円／人），繰出割合は24.6％（範囲0.0～308.1％）である。このグループでは，愛知県飛島村（平成28年度財政力指数2.11），青森県六ヶ所村（同1.65），新潟県聖籠町（同1.12），佐賀県玄海町（同1.03）など財政力指数が高い1市17町9村を除く394市町村の繰出割合は10％を超えており，2016年度に財政力指数の全国市町村平均値である0.50以下の市町村では，加重平均で1人当たりの繰出額は3.4万円（≒99,269百万円／2,950,394人），繰出割合は29.3％（≒118,621百万円／405,118百万円）と，地方交付税の減額やその算定方法，たとえば前述した分流式下水道等に要する経費の繰出基準（不採算性に対する繰出）の見直しが行なわれるようなことになれば，汚水処理事業における資金不足が経営健全化基準以上になったり，小さな人口規模の地方自治体ではそれが原因で経営健全化団体に転落したりするおそれさえある。

　次に大きいのはGⅣで，住民1人当たりの繰出額は13.7千円（範囲0.0～10.4万円／人），繰出割合は12.1％（範囲0.0～77.4％）であり，汚水処理事業を実施している220市町村では加重平均で繰出額は14.9千円（≒50,456百万円／3,377,431人），繰出割合は13.0％（≒50,456百万円／388,291百万円）である。

　3番目はGⅥで住民1人当たりの繰出額は13.1千円（範囲0.1～3.1万円／人），繰出割合は9.4％（範囲0.8～25.8％）である。

　現在，このような自治体で危惧される事業が行なわれている。それは，農業

表3.2 各グループにおける下水道会計繰出額

	市町村数	A 2017年1月1日 住民基本台帳 人口（人）	B 2016年度 地方税 （百万円）	C 2016年度 下水道繰出額 （百万円）	C／A （千円／人）	C／B （％）
GⅠ	175	3,121,610	354,036	24,224	7.8	6.8
GⅡ	98	10,968,616	1,650,953	99,711	9.1	6.0
GⅢ	119	16,774,901	2,826,659	174,155	10.4	6.2
GⅣ	273	3,676,565	418,469	50,456	13.7	12.1
GⅤ	43	5,522,758	775,064	50,213	9.1	6.5
GⅥ	130	13,714,256	1,911,866	179,671	13.1	9.4
GⅦ	421	4,694,832	590,009	145,077	30.9	24.6
GⅧ	38	6,075,550	958,454	71,215	11.7	7.4
GⅨ	362	52,116,477	8,355,751	665,731	12.8	8.0
計	1,659	116,665,565	17,841,261	1,460,453	12.5	8.2

C／A：住民1人当たりの下水道会計繰出額，
C／B：地方税に対する下水道会計繰出額の割合
　　　　地方公営企業で汚水処理事業を実施していない自治体は，GⅠの58市町村，GⅡの4市，
　　　　GⅣの43市町村の計115市町村
　　この115市町村を除くと
　　GⅠ（ 117）のC／Aは9.8千円／人，C／Bは8.3%
　　GⅡ（ 94）のC／Aは9.2千円／人，C／Bは6.1%
　　GⅣ（ 220）のC／Aは14.9千円／人，C／Bは13.0%
　　計（1,544）のC／Aは12.6千円／人，C／Bは8.1%
○数値の出所は，総務省「平成28年度市町村別決算状況調」

集落排水施設が数多く設置されている自治体で行なわれている「公共下水道等
への切り替え」（処理場の統廃合）事業である。全国の地方自治体の7割が管路
の点検・調査を未実施とのことで，このような自治体では処理施設の減少に伴
い維持管理経費が下がり，逆に，下水管路が長くなる分，下水道債が増加する
とともに，有収水量密度や有収率（処理した汚水のうち使用料徴収の対象とな
る有収水の割合）の低下や道路陥没などを未然に防止するための維持管理経費
が跳ね上がるおそれがある一方，人口減少により使用料を値上げしない限りは
使用料収入が確実に減少することから，中長期的な財源試算に裏打ちされたも
のでなければならないと考えられる。
　経費回収率を上げるため，経費回収率がより低い事業を合併するような選択
肢を，一般的には実施することはないが，人口増加・経済成長等の社会的背景

が現在と真逆の状態で，選択肢が制限されていた時代に選んだ集合処理，それ以外は汚水処理方法として考えられないのであろうか。

　GⅠに属する市町村数は175で，住民基本台帳人口の「1万人超え3万人以下」の規模が最も多く全体の45％を占めており，2016年度末における汚水処理人口普及率の加重平均は55.9％である。また，GⅣに属する市町村数は273で，住民基本台帳人口の「1万人超え3万人以下」の規模が最も多く全体の38％を占めており，2016年度末における汚水処理人口普及率の加重平均は70.1％である。また，GⅦに属する市町村数は421で，住民基本台帳人口の「5千人以下」の規模が最も多く全体の35％を占めており，平成28年度末における汚水処理人口普及率の加重平均は90.2％である。

　(2)　DIDを有し，「2045年推計人口」＞「2016年度末の汚水処理人口」，かつ「DID人口」≧「集合処理人口」であるGⅡ(98)

　DIDについては，集住度や事業所集積度などの今後の推移に基づき集合処理区域の拡大を検討する。その他の区域では新設は原則，浄化槽が望ましいと考えられる。また，更新にさいしても，既設の集合処理区域は，今後の集住度や事業所集積度などに基づき集合処理区域の拡大あるいは縮小を検討する必要がある。

　このグループに属する市町村数は98で，住民基本台帳人口の「3万人超え5万人以下」の規模が最も多く全体の28％，次いで「10万人超え30万人以下」の規模が27％を占めており，2016年度末における汚水処理人口普及率の加重平均は77.0％である。

　なお，2016年度末，集合処理施設を供用開始していない青森県野辺地町，三重県尾鷲市，和歌山県新宮市，和歌山県海南市，徳島県小松島市，福岡県田川市および長崎県島原市の計7市町はこのグループに属している。

　県庁所在地としては，岡山市，大分市，和歌山市および徳島市の計4市がこのグループに属している。

　(3)　DIDを有し，「2045年推計人口」＞「2016年度末の汚水処理人口」，かつ「DID人口」＜「集合処理人口」であるGⅢ(119)

　DIDについては，集合処理施設の整備量がすでに過剰な状態であることから，今後の集住度や事業所集積度などに基づき集合処理区域の再検討が必要と考え

られる。その他の区域では新設は原則，浄化槽とする。また，更新にさいしても，既設の集合処理区域は，今後の集住度や事業所集積度などに基づき集合処理区域の拡大あるいは縮小を検討する。

　このグループに属する市町数は119で，住民基本台帳人口の「5万人超え10万人以下」の規模が最も多く全体の33％を占めており，2016年度末における汚水処理人口普及率の加重平均は88.3％である。

　県庁所在地としては，福岡市，さいたま市および高松市の計3市がこのグループに属している。

(4)　DIDを有し，「2016年度末の集合処理人口」≦「2045年推計人口」＜「2016年度末の汚水処理人口」，かつ「DID人口」≧「集合処理人口」であるGV（43）

　2016年度末における汚水処理施設の整備量は，2045年推計人口よりも過剰な状態であることから，新設はすべて浄化槽が望ましいと考えられるが，DIDについては，集住度や事業所集積度などの今後の推移に基づき，集合処理区域の拡大を検討するさいには投資試算と財源試算の均衡を図る必要がある。また，更新にさいしても，DID以外の地区の集合処理施設は浄化槽への切り替えを検討するとともに，DIDの集合処理施設では今後の集住度や事業所集積度などに基づき処理区域の縮小あるいは拡大を検討する必要がある。

　このグループに属する市町数は43で，住民基本台帳人口の「5万人超え10万人以下」の規模が最も多く全体の47％を占めており，2016年度末における汚水処理人口普及率の加重平均は84.7％である。

　県庁所在地としては，鹿児島市，松山市および高知市の3市がこのグループに属している。

(5)　DIDを有し，「2016年度末の集合処理人口」≦「2045年推計人口」＜「2016年度末の汚水処理人口」，かつ「DID人口」＜集合処理人口」であるGⅥ（130）

　2016年度末における汚水処理施設の整備量は，2045年推計人口よりも，また，集合処理施設の整備量はDID人口よりも，それぞれ過剰な状態であることから，新設はすべて浄化槽が望ましいと考えられる。また，更新にさいしても，既設の集合処理区域は，今後の集住度や事業所集積度などに基づき集合処理区域の

拡大あるいは縮小を検討する（投資試算と財源試算の均衡を図る）必要がある。

　このグループに属する市町数は130で，住民基本台帳人口の「5万人超え10万人以下」の規模が最も多く全体の42％を占めており，2016年度末における汚水処理人口普及率の加重平均は86.3％である。

　県庁所在地としては，新潟県，熊本市，宇都宮市，前橋市，津市，水戸市，佐賀市および山口市の計8市がこのグループに属している。

(6)　DIDを有し，「2045年推計人口」＜「2016年度末の集合処理人口」≦「2016年度末の汚水処理人口」，かつ「DID人口」≧「集合処理人口」であるGⅧ（35）

　2016年度末における集合処理施設の整備量は，2045年推計人口よりも過剰な状態であることから，新設はすべて浄化槽が望ましいが，DIDについては，集住度や事業所集積度などの今後の推移に基づき集合処理区域の拡大を検討するさいには，投資試算と財源試算の均衡を図る必要がある。また，更新にさいしても，DID以外の地区の集合処理施設は浄化槽への切り替えを検討するとともに，DIDの集合処理施設では今後の集住度や事業所集積度のなどに基づき処理区域の縮小あるいは拡大を検討する必要がある。

　このグループに属する市町数は35で，住民基本台帳人口の「10万人超え30万人以下」の規模が最も多く全体の41％を占めており，2016年度末における汚水処理人口普及率の加重平均は94.2％である。

　県庁所在地としては，静岡市と那覇市の計2市がこのグループに属している。

(7)　DIDを有し，「2045年推計人口」＜「2016年度末の集合処理人口」≦「2016年度末の汚水処理人口」，かつ「DID人口」＜「集合処理人口」であるGⅨ（362）

　2016年度末における集合処理施設の整備量のみで2045年推計人口よりも，また集合処理施設の整備量はDID人口よりも，それぞれ過剰な状態であることから，新設は浄化槽以外は考えられない。とくに，既整備済みの集合処理施設がすでに過剰となっていて，下水道会計への繰出が自治体財政を圧迫していることから，可及的速やかにダウンサイジングを図る必要があると考えられる。

　ただし，現在の法体系では処理区域の縮小（管路延長を減らすこと）は難しく，市町村が既設の集合処理施設の更新を個別処理に切り替えるという選択を容易

に行なえるようにするためには，滋賀県の近江八幡市の冨士谷正市長（当時）の発言のように「公共下水道が完備されているところであったとしても，できれば合併処理浄化槽を希望される人はそれを認めていただけるような法律の改正」[5]はもちろんのこと，補助金等適正化法等関連する法令の改正，さらには地元浄化槽関連業界が一体となってその受け皿（たとえば窓口の一元化やICTの導入など）を整えることも急務と考える。

このグループに属する市町村数は362で，住民基本台帳人口の「5万人超え10万人以下」の規模が全体の25%，次いで「3万人以下」の規模が全体の23%を占めており，2016年度末における汚水処理人口普及率の加重平均は97.2%である。

県庁所在地としては，横浜市，大阪市，名古屋市，札幌市，神戸市，京都市，広島市，仙台市，千葉市，金沢市，長崎市，富山市，岐阜市，宮崎市，長野市，奈良市，大津市，秋田市，盛岡市，青森市，福井市，山形市，松江市，甲府市および鳥取市の計25市がこのグループに属している。

3.3 第2章および第3章のまとめ

第2章，第3章では，人口減少や高齢化が下水道事業の経営や市町村財政にどのような影響を及ぼす可能性があるのか，公営企業として運営されている汚水処理事業の経営状況を調べるため，総務省が公表している「下水道事業経営指標・下水道使用料の概要」（平成28年度版）から，集合処理3,092事業，個別処理421事業，合わせて3,513事業における「事業の概要」，「施設の効率性」および「経営の効率性」に関する各種指標について，その分布や数値を整理した。また，「2045年汚水処理施設整備指標」，「2045年集合処理施設整備指標」を示し，「DIDの有無」，「2015年国勢調査時のDID人口に対する集合処理人口の割合」を加えた4つの指標で全国1,659市町村を9グループに分類し，今後の汚水処理施設整備について留意すべき事項を述べた。以下に，まとめを示す。

①一般家庭使用料，有収率，汚水処理原価，経費回収率，処理区域内人口1人当たりの地方債現在高，下水道事業への繰出額などについて整理した。

一般家庭使用料の各事業における最頻値は，公共下水道が「2千円超3千円以下」，その他の事業が「3千円超4千円以下」であり，また，「4千円

超」の事業体が占める割合は，公共下水道が4.6%，特環下水道が9.7%，農業集落排水施設等が11.2%，浄化槽事業が15.9%と，事業規模が小さく，供用開始からの経過年数が短くなるほど高くなる傾向が認められる。また，一般家庭使用料3千円未満かつ経費回収率(控除前)100%未満の事業体，いい換えると最低限の経営努力を行なっていない事業体を数えてみると，公共下水道が638事業体(総数の54%)，特環下水道が321事業体(同44%)，農業集落排水施設等が445事業体(同37%),浄化槽事業が137事業(同33%)，合わせて1,541事業体(同44%)であった。

②2016年度における各事業の汚水処理原価(控除後)は，公共下水道137.85円/m³，特環下水道232.57円/m³，特定地域生活排水処理事業等270.73円/m³，農業集落排水事業277.04円/m³，漁業集落排水事業377.04円/m³，林業排水処理事業等547.86円/m³，汚水処理原価(控除前)は，公共下水道167.15円/m³，特定地域生活排水処理事業335.22円/m³，特環下水道422.10円/m³，農業集落排水事業532.41円/m³，漁業集落排水事業691.47円/m³，林業排水処理事業等が968.62円/m³であった。この控除前後の差は，不採算経費と位置付けられており，2016年度の各事業におけるこの経費を求めてみると，公共下水道が29.30円/m³，特定地域生活排水処理事業等が64.49円/m³，特環下水道が189.53円/m³，農業集落排水事業が255.37円/m³，漁業集落排水事業が314.43円/m³，林業集落排水事業等が420.76円/m³と高い値で，公共下水道および特定地域生活排水処理事業等では控除前汚水処理原価の20%弱，その他の事業では同じく50%弱を占めており，総額で4,816億円(2015年度は4,588億円)となっている。

③控除前経費回収率の最頻値は，公共下水道が「40%超60%以下」，その他の事業が「20%超40%以下」であり，公共下水道が82.5%，特定地域生活排水処理事業が49.2%，特環下水道が38.5%，農業集落排水事業等が29.0%，経費回収率が100%以上と必要経費が賄えているのは，公共下水道が110事業体(全体の9.4%)，特環下水道が16事業体(同2.2%)，農業集落排水事業等が11事業体(同0.9%)，浄化槽事業が5事業体(同1.2%)の合わせて142事業体と全体の4.0%でしかない状況である。

　一方，控除後経費回収率は，公共下水道100.0%，特環下水道69.8%，特

定地域生活排水処理事業60.0%，農業集落排水事業等55.7%となる。また，100%以上は，公共下水道が335事業体（全体の28.6%），特環下水道が102事業体（同14.1%），農業集落排水事業等が84事業体（同7.0%），浄化槽事業が23事業体（同5.5%）の合わせて544事業体と全体の15.5%である。

さらに，経費回収率（維持管理費）が100%を下回り，総務省からイエローカードが出されている事業体は，公共下水道が232事業体（全体の19.8%），特環下水道が375事業体（同51.9%），農業集落排水事業等が1,009事業体（同84.3%）の合わせて1,616事業体（同52.3%）もある。

④全国的に，2045年推計人口に対しては生活排水処理施設の整備が概成した状態であることを示した。また，都道府県をレッドカードグループ，イエローカードグループ，その他のグループに区分けした。

⑤GⅠ，GⅣ，GⅦに属する869自治体は，DIDがないことから新設は浄化槽とし，集合処理施設を有する733市町村では，既設集合処理施設の更新にさいし浄化槽に切り替える必要がある。

⑥GⅡに属する98自治体は，DIDについては今後の推移により集合処理区域の拡大を検討し，その他の区域では新設は原則，浄化槽が望ましく，既設集合処理施設の更新にさいしても，処理区域の拡大あるいは縮小を検討する。

⑦GⅢに属する119自治体は，DIDについては集合処理施設の整備量がすでに過剰なことから集合処理区域の再検討が必要であり，その他の区域では新設は原則，浄化槽が望ましく，既設集合処理施設の更新にさいしても，処理区域の拡大あるいは縮小を検討する。

⑧GⅤに属する43自治体は，新設はすべて浄化槽が望ましく，既設集合処理施設の更新にさいし，DID以外の集合処理施設は浄化槽への切り替えを検討するとともにDIDの集合処理区域の拡大あるいは縮小を検討する。

⑨GⅥに属する35自治体は，新設はすべて浄化槽が望ましいが，DIDについては集合処理区域の拡大を検討するさいは，投資試算と財源試算の均衡を図り，既設集合処理施設の更新にさいし，DID以外の集合処理施設は浄化槽への切り替えを検討するとともにDIDの集合処理区域の拡大あるいは縮小を検討する。

　⑩GⅨに属する362自治体は，新設はすべて浄化槽とし，既整備済み集合処理施設がすでに過剰となり下水道会計への繰出が自治体財政を圧迫していることから，可及的速やかにダウンサイジングを図る必要がある。

―参考文献―
1)　国立社会保障・人口問題研究所：日本の地域別将来推計人口（平成30（2018）年推計）（http://www.ipss.go.jp/pp-shicyoson/j/shicyoson18/t-page.asp）
2)　環境省環境再生・資源循環局廃棄物適正処理推進課浄化槽推進室：平成28年度末の汚水処理人口普及状況について（平成29年8月23日（水））（2017）.
3)　国土交通省：汚水処理人口普及率が90%を突破しました！～汚水処理施設の未普及地域解消に向けて～（平成29年8月23日）（http://www.mlit.go.jp/report/press/mizukokudo13_hh_000352.html）（2017）.
4)　総務省統計局：平成27年国勢調査の結果（http://www.stat.go.jp/data/kokusei/2015/kekka.html）（2015）.
5)　(公社)日本下水道協会：第10回市町村の下水道事業を考える首長懇談会，下水道協会誌，**54**（652）48～58（2017）.

第4章

浄化槽事業における公営企業化

4.1 浄化槽の公共性

4.1.1 浄化槽への公的関与

　わが国の汚水処理人口普及率は2018年3月末（平成29年度末）で90.9％（うち公共下水道78.8％）に達したが，少子化等による人口減少で地方財政が悪化している状況下では，集合処理を中心に進めてきた市町村の下水道整備は見直しが必要になっている。設置費用が安くてすむ浄化槽は維持管理の継続安定体制が整えば，自治体関係者の信頼も向上し選択肢に入ってくるだろう。

　しかし，浄化槽法で定められた法定検査のうち第11条の受検率が低く，維持管理についての信頼性は高くない。また浄化槽利用者は，設置やその後の維持管理費用の負担が下水道利用者と比べて著しく不公平だとの不満をもっている（**表4.1**）。このような状況を変えなければ，浄化槽を下水道に替わる汚水処理設備とするのは難しいのではないか。浄化槽を汚水処理のインフラと明確に位置付けるとすれば，行政が関与して低コストで適正に維持管理ができる管理システムの構築が必要である。ただし「インフラ」でも，市町村が自ら設置し維持管理するものから個人が設置管理するものまで幅がある。インフラである以上，整備や維持管理に対する費用の財政支援（補助等）は他と同じに扱うべきである。

4.1.2 ナショナルミニマムと浄化槽

　ナショナルミニマムとは，政府が国民に対して保持する生活の最低限度をいうが，下水道はナショナルミニマムだとして国をあげて整備してきた。浄化槽は分散型の汚水処理装置なので公共性があり，ナショナルミニマムといってもおかしくないが，行政が関与できるシステムをもっているかも重要な観点だと思う。

表4.1 浄化槽と下水道の利用者負担の違い

費用項目	浄化槽	下水道
1．設置費用（1戸当たり）	80万〜120万円	400万〜500万円
個人負担（同）	50万〜80万円	5万〜9万円（受益者負担金）
2．維持管理費用（月額）	5,000〜6,000円	2,500〜4,000円（下水道使用料）

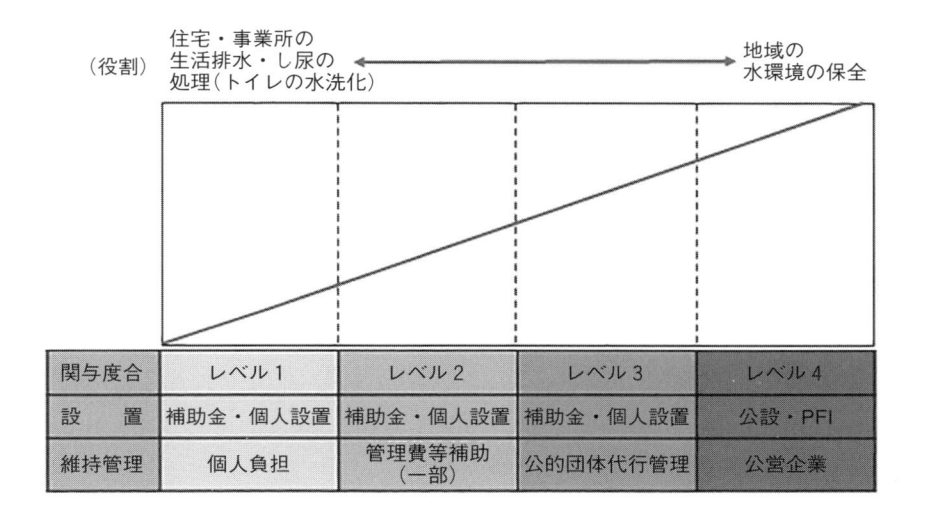

図4.1　浄化槽の社会的役割と行政関与度合（イメージ）

　このことを考えるため，浄化槽の社会的役割と行政の関与を，関与する度合いによってレベル 1 から 4 まで区分してみた（図4.1）。

　レベル 1 は個人が設置するさいに補助を受け，私費で管理するケースで，これが一般的である。レベル 2 は維持管理費の一部に公費を入れるケースである。全国で189市町村が行なっている。レベル 3 は公的団体が管理を代行するケースで，43の市町村で行なわれている（平成25年度浄化槽行政に関する調査結果）。レベル 4 は下水道や農業集落排水と同じく，公営企業として公費で整備し運営するものである。

　個人設置と公設の異なる点は，個人設置はすべての責任を個人が負うのに対し，公設は市町村が責任を負う。下水道事業は総コストの約半分を資本費が占めるが，公費で整備し条例で決めた使用料以外はすべて税金で負担している。古くなって更新する場合も同じである。

4.1.3　設置および維持管理費用の補助

　浄化槽の設置整備に対する補助制度は，全国1,718市町村の71％に当たる1,236市町村が設けている（関与レベル 1 ）。また，維持管理費用に対する補助は，

設置事業を行なっている市町村の15%に当たる189市町村が制度化している（レベル2）。対象となる維持管理費の助成は，保守点検費用を対象とするのが135市町村で，清掃費用を対象とするのは158市町村，125市町村が法定検査費用を，電気代を対象としているのが19市町村ある。

　補助の形は，実費補填型と基準額交付型，浄化槽利用者等がつくる管理組合に一括助成する型の3種類ある。実費補填型は保守点検や清掃，法定検査費用の1/2〜1/3，補助対象年限を3年，5〜6年，10年間と区切っている。なかには，年額2万円というように上限を設定したり，法定検査のみ，または法定検査と保守点検費用を合わせて補助するという例もみられる。さらには，人槽別に設定（5人槽16,000円，7人槽24,000円，10人槽32,000円），下水道使用料・農業集落排水利用料（使用者負担額）を上回る金額を全額補助して下水道利用者との負担格差をなくすなど，さまざまな工夫がみられる。

　基準額交付型は，人槽により一定額を交付する方式である。交付金額は5人槽が15,000〜24,000円，7人槽が17,000〜26,000円というように市町村により幅がある。

　なお，下水道区域と浄化槽区域の格差是正に真正面から取組む自治体もある。福井市は2004年に個人設置浄化槽利用者と下水道利用者の個人負担額を同じくする維持管理費助成制度を設けた。年間を通じて適正な管理，つまり1年間に保守点検3回，清掃1回，法定検査1回を行なっていることが交付条件である。市の浄化槽区域に設置された2,379基に対して，補助件数が1,801件なので，適正に管理している浄化槽の割合は75.7%となり，補助しただけの効果は出ている。

　同市は2003年度に「汚水処理施設整備基本構想」を策定し，同構想において合併処理浄化槽区域に位置付けられた区域における浄化槽の設置費用に対し，2004年度から補助率を従来の4割から9割補助（住宅以外については7割補助）に引き上げた。維持管理に係わる経費を補助することによって，公共下水道区域住民との格差をなくしたため，制度上，公共下水道と浄化槽の市民負担に差がなくなり，市民は安心して浄化槽の整備に取組んでいる。

4.1.4　維持管理組織の設置

　この組織は，設置が個人，公設に係わらず市町村が維持管理に間接的に関与

表4.2　市町村が関与する浄化槽整備・維持管理システムの例

市町村名	事業名	設置者	設置費用負担	維持管理	管理費
旧二ツ井町 （合併前）	きみまち環境 整備（全域）	町	工事費の1割	町（委託）	2,310円／月 3,150円／月
栄村	特定地域生活 排水処理施設	村	工事費の1割	村（有）環境さかえ に委託）	3,000円／月
佐久市	生活排水処理	個人	工事費の1割	佐久市浄化槽協会 （受託）	4,000円／月
旧寒川町 （合併前）	ふるさと環境 整備（全域）	個人	7人槽まで13万円 8人槽以上24万円	ふるさと環境整備 推進協議会（受託）	2,800円／月 3,300円／月
香春町 （PFI事業）	浄化槽整備推 進（全域）	町	定額＋増嵩経費	町（維持管理業者 に委託）	4,320円／月 4,860円／月
三春町 （公営企業）	下水道等事業	町	定額25万円	町（委託）	2,800円／月 4,500円／月

出典：各市町村のヒアリング資料により作成

する取組みである（**表4.2**）。任意の協会や協議会などを作る場合は，市町村と関係業者，住民の三者が行政と民間の中間的組織を作って取組んでいる。管理組合型は43市町村で行なわれている。行政が主導して利用者に管理組合を設立させ，そこに費用の一部を一括して助成する。これは補助を受けて設置した浄化槽を公と民が中間組織を作って管理を代行する仕組みで，レベル3の水準である。維持管理組織は北海道や長野県，兵庫県などに多い。組織名称は維持管理組合，浄化槽協会，浄化槽衛生管理組合などである。その構成は，住民，市町村，浄化槽工事業者，保守点検業者，清掃業者で，補助申請の受付け，契約や手続きなどの代行（保守点検，清掃，法定検査），点検業者等との交渉，利用者への指導・啓発などを行なっている。なかには，浄化槽設置工事の発注や保守点検，清掃，法定点検までを一括して契約する例もある。

　一括して契約するメリットは，①一括発注により経費が低減でき，住民・自治体の負担が軽減され，浄化槽を一元的に管理できる，②浄化槽法第11条検査の受検率が向上する，③使用者の契約手間が省ける，④保守点検・清掃が確実に実施されるなどである。この段階になればレベル4に近く公的管理といえる。

　公営企業として運営する方法は法的拘束力がある。一方，任意組織への支援は毎年度の予算措置なので，首長の交代による方針変更や行財政改革で打ち切られることもあるので制度としては限界がある。行政が浄化槽を下水道と同じ

に位置付けるなら，公営企業として運営すべきである。

4.2 市町村整備推進事業

4.2.1 公設浄化槽整備の取組み

　市町村が直接浄化槽を整備し管理する制度である。本制度は1994（平成6）年度に創設された。各家庭の敷地内に合併処理浄化槽を設置し維持管理まで市町村が行なう事業である。ただし，市町村が負担する工事費用は浄化槽本体部分で，排水設備工事費や支障物件の移転等は個人の所有物のため住民が負担する。

　事業主体は市町村で，計画整備戸数が単年度当たり20戸以上（特例による条件緩和がある），事業の対象地域は個別処理区域である。財源は国費が3分の1，利用者（受益者）がおおむね1割を負担し残りは地方債（下水道事業債）が充当できる。なお，元利償還金の44％の事業費補正および5％を単位費用として合わ

表4.3　A市個別生活排水事業条例の構成

条文の見出し		条文の見出し	
第1章　総則		第18条	除害施設管理責任者の変更
第1条	趣旨	第19条	排除の停止又は制限
第2条	定義	第20条	使用開始等の届出
第3条	処理区域	第21条	使用料の徴収
第4条	個別生活排水処理施設の設置	第22条	使用料の算定方法
	申出	第23条	資料の提出
第2章　分担金の徴収		第24条	使用料の減免
第5条	分担金の徴収	第25条	使用者の負担
第6条	分担金の額	第5章　雑則	
第7条	分担金の徴収方法	第26条	既存浄化槽の管理等の移管
第8条	分担金の納期前の納付	第27条	権利義務の継承
第9条	分担金の徴収猶予	第28条	立入検査等
第10条	分担金の減免	第29条	土地の無償使用及び保管義務
第11条	受益者の変更		等
第3章　排水設備の設置等		第30条	個別生活排水処理施設の移動
第12条	排水設備の設置義務		等
第13条	排水設備等の計画の確認	第31条	改善命令
第14条	排水設備等の工事の実施等	第32条	監督処分
第15条	排水設備等の工事の検査	第33条	委任
第4章　個別生活排水処理施設の使用		第6章　罰則	
第16条	除害施設の設置等	第34条～第36条	
第17条	除害施設管理責任者の選任	附則	

せて49％が地方交付税で措置される。

　本事業の実施方法としては直営とPFIによる２つの方式がある。市町村直営
方式は，①設置申請から完成までの手続にかかる期間が長い，②事業を推進す
るために職員の増員配置が必要，③市町村の財政負担が増大する，などの問題
があり，この対策としてPFI手法が導入されたが，実施市町村は約20団体にと
どまっている。市町村は下水道事業や農業集落排水と同じく管理条例（表4.3）
を制定し，それに基づき地方公共団体が責任をもって公共用水域の保全と地域
住民の水洗化を実現し維持管理する。

　公設浄化槽の整備制度が始まって20年以上になるが，現在の実施数は176市
町村（公営企業決算統計の事業数は149事業）で，個人補助の浄化槽整備実施
1,236市町村の14％と低迷している（2016：平成28年度）。公共下水道の実施団
体が1,430（2016：平成28年度下水道統計）もあり，地方都市の下水道事業の多
くは財政問題で困っていているにも係わらず，公設浄化槽にはあまり関心が向
かない。

4.2.2　公設浄化槽の使用料

　市町村が設置した浄化槽は，公共下水道や農業集落排水とともに下水道事業
の１つとして運営される。整備時の事業名称は「浄化槽市町村整備推進事業」
（旧：特定地域生活排水処理施設・環境省・補助事業）と「個別排水処理施設」
（総務省・地方単独事業・償還に交付税措置）の２つがあり，事業数は前者が
281（2016：平成28年度），後者が148（2016：平成28年度）である。下水道事業は
公営企業として特別会計で運営するので，使用者の使用料（下水道料金）で浄化
槽を維持管理する。事業数が多いのは，１つの自治体が２つの事業を行なって
いるからである。当初，個別排水事業（起債事業）で始めたが，その後，環境省
の市町村整備推進事業の対象が拡大され，１本化したことによる。

　表4.4は市町村型浄化槽事業を行なっているA県の市町村の使用料一覧であ
る。料金体系は定額制と従量制の２種類あるが，A県では定額制が多い。「定
額制」は使用水量を無視して浄化槽の人槽別に料金を定める方式である。浄化
槽は人槽により容量が違うので清掃料金が異なるが，これに着目して使用料金
を設定している。

　「従量制」というのは水道や下水道と同じく水道の使用水量で料金を計算す

表4.4　A県の市町村設置型浄化槽の使用料

市町名	料金区分	5人槽	7人槽	10人槽	使用料の対象経費[*1]		
					点検	検査	清掃
B町	定額制	2,160円	2,160円	2,160円	○	○	個人
C市	定額制	3,909	4,423	5,040	○	○	○
D市	従量制	基本料金1,620円，25m³使用3,780円			○	○	○
E市	定額制	4,104	4,752	5,832	○	○	○
F市	定額制	4,471	4,471	4,471	○	○	○
G市	従量制	基本料金1,814円，25m³使用4,017円			○	○	○
H市	定額制	3,880	4,530	5,180	○	○	○
I市	従量制	基本料金2,880円，25m³使用5,634円			○	○	○
J町	従量制	基本料金1,620円，25m³使用2,265円			○	○	○
K町	定額制	3,900	3,900	4,400	○	○	○
L町	定額制	3,952	4,039	4,492	○	○	○
M町	定額制	4,536	4,860	5,076	○	○	○
N町	定額制	3,564	4,644	6,156	○	○	○
O町	定額制	4,968	5,400	6,048	○	○	○

注1：使用料の使途「点検」は保守点検（年4回），「検査」は法定検査，「清掃」は汚泥抜取である

注2：使用料の使途で「個人」とあるのは，使用者が直接「清掃業者」に依頼し支払うという意味である

表4.5　一般家庭使用料（20m³/月）の分布（2016年度）

料金分布	公共下水道	農業集落排水	浄化槽事業	全事業
〜1,000円以下	2（0.2%）	3（0.3%）	1（0.2%）	9（0.3%）
1,001〜2,000円	205（17.4%）	58（6.5%）	20（4.8%）	350（10.4%）
2,001〜3,000円	512（43.6%）	287（31.9%）	120（28.7%）	1,240（36.9%）
3,001〜4,000円	399（34.0%）	449（49.9%）	210（50.2%）	1,444（42.9%）
4,001〜5,000円	53（4.5%）	91（10.1%）	58（13.9%）	294（8.7%）
5,000円〜	4（0.3%）	12（1.3%）	9（2.5%）	27（0.8%）
計	1,175（100.0%）	900（100.0%）	418（100.0%）	3,364（100.0%）
平均	2,758円	3,178円	3,355円	3,029円

出典：総務省「平成28年度下水道事業経営指標・下水道使用料の概要」から作成

注：消費税および地方消費税含む

る方式である。人槽の区分は無視して使った水の量で料金を決めるので，整備方法が違っても広義の下水道事業として統一した料金体系がとれる長所がある。

　定額制は，水道の使用水量が多い使用者にとっては他の下水道料金（公共下水道，農業集落排水）より安いが，使用水量の少ない使用者には割高感がある。

この点，従量制は公共下水道と同じ方法で料金を計算するのでわかりやすい。浄化槽を分散方式の下水処理場とみれば，浄化槽の使用料も公共料金だということが理解できる。なお，同じ定額制でも金額は自治体ごとに異なる。表4.5のように月額1,000円以下から5,000円以上まで５倍以上の格差がある。この差は市町村の財政力や公共料金政策，下水道使用料との並びが関係している。以前は，下水道使用料は安いのが当たり前で，水道料金の半分とか７割の水準に設定されていた。

　下水道事業は地方財政法で公営企業とされているので，コストは使用料で回収するのが原則である。そのため，今では下水道使用料は水道料金と同じか，水道を上回る料金水準の下水道が全体の３分の１を占めるまでになった。下水道の整備コストは高いため，それが住民負担にはね返らないよう一般会計から繰入れしていたが，それにも限度があるためである。

　再び表4.4に戻すと，定額制の料金体系をとる市町のなかでも，たとえば５人槽をみると2,160円，3,564円，4,536円と２倍の差があるが，この差は表の右

表4.6　合併処理浄化槽清掃料金表（P市）　　　　　　　　　　　　（単位：円）

清掃区分	5人槽	6人槽	7人槽	8人槽	10人槽
全清掃	56,044	62,416	72,917	82,828	101,825
第１室・第２室	32,919	37,992	44,127	49,909	61,709
コンパクト型（通常）	32,919	44,127			
コンパクト型（全清掃）	41,178	55,927			

表4.7　P市浄化槽協会の浄化槽管理費（５〜10人槽）

項目	金額	備　考
保守点検費	25,000円	6,250円×４回
水質検査費	4,000円	年１回，BOD，SS
清掃実施費	18,000円 （56,044円）	保守点検で年度内の清掃が不要と判断された場合は返還措置をとる 全清掃の料金は５人槽の場合56,044円で協会費から18,000円，清掃補助金8,000円が支払われ，残りの33,044円を自己負担する
協会事務費	1,000円	
合計	48,000円 （86,044円）	１カ月当たり4,000円（全清掃した場合は月額7,170円）

の「使用料対象経費」をみればわかる。金額の大きい清掃費用を対象に入れるか否かで金額が違ってくる。清掃料金は浄化槽維持管理コストの半分から3分の2を占める。浄化槽法は第10条で，浄化槽管理者は省令で定めるところにより，浄化槽の保守点検および清掃をしなければならないことを定めている。建物等の用途や建築面積によって浄化槽の大きさが異なるため，清掃頻度に違いが出るのである。

表4.4のB町の使用料（月額2,160円）には清掃費用が入っていない。このため他に比べて安いようにみえる。清掃費用は使用者が直接，業者に依頼して支払う。B町の悩みは，大家族時代に設置した浄化槽が核家族化で高齢者小人数世帯になったことによる負担能力であった。結論は，清掃の判断は個人に任せるということで，依頼している保守点検業者と相談して清掃の頃合いをみている。7人槽で老夫婦2人暮らしの世帯では数年に1回とする例があるようだ。

表4.6はP市の浄化槽清掃料金表であるが，清掃を全槽にするか1・2室にするか，あるいは型式でも金額は違う。全室清掃と1・2室清掃では2倍近い差がある。表4.7は自治体が浄化槽管理団体を設立している例である。設置者から会費として維持管理費用を徴収しているが，ここでは清掃料金は一定額まではP市浄化槽協会の予算から出し，それを上回る分は個人が支払うようになっている。協会事務局は保守点検業者からの報告を受けて，設置者（使用者）に清掃実施通知を出し，本人の了解を得たうえで清掃業者に依頼，金額が上回る分は直接支払う。浄化槽使用料を公共下水道の使用料と横並びさせる苦肉の策で，清掃回数は調整しているとみられる。

4.2.3　公設浄化槽の譲渡

近年，公設の浄化槽を使用者に移譲する動きが各地に出ている。市町村合併に伴う事業の統一を理由にしてはいるが，市町村は個人の住宅に設置した浄化槽を永年にわたって所有することに懸念をもっているようである。

浄化槽を公設で整備すると，行政財産である浄化槽が個人の住宅敷地に点在し，老朽化対策や空き家の発生で"お荷物"を抱え込むことになる。人口減少で利用者のいない浄化槽が出ると，使用料等の費用の回収の問題も出てくる。

このため，市町村が設置した浄化槽を使用者個人に譲渡するものである。たとえば前出のA市の場合，2005年の市町村合併から10年間は合併前の町村が進

めてきた市町村設置型と個人設置をそのまま継承してきたが，2015年度に制度を改正して個人設置型に統一するとともに，今まで補助の対象になっていなかった事業所，アパートなどに設置する浄化槽に市単独で補助金を交付する制度を設けた。これに伴い，市町村設置型で整備した浄化槽は，設置から10年を経た浄化槽から順次個人に譲渡する制度をスタートさせた。

　政策の変更は地域住民への影響が大きいので，市は地域への説明を丁寧に行なって理解と協力を求めた。住民からは将来の使用料や財政見通しなど具体的な説明が不足しており納得できないという意見も出されたが，現在の使用料収入では管理費用が確保されないこと，使用料収入で不足する分は市が負担していることを数字を示しながら説明している。市の財政負担をゼロにするためには使用料月額を現行の4,471円から6,869円にしなければならない。市の財政見通しでは，少子高齢化や地方交付税の段階的引き下げで，財政運営は非常に厳しい。2005年の市町村合併以来10年間検討してきた結果，個人設置型へ統一することにしたと説明している。

　公設事業の廃止から個人設置型浄化槽整備への政策転換は前出のA市の場合，次のような方針のもと行なわれた。

①「A市浄化槽の設置及び管理に関する条例」の一部改正。2016年4月1日から市内全域を個人設置型の対象とするため「A市浄化槽の設置及び管理に関する条例」および「A市浄化槽設置整備事業補助金交付要綱」を改正
②市設置型浄化槽は設置後10年経過した段階で，使用者等へ譲与
③市が既設浄化槽の寄附を受け維持管理してきた浄化槽は，使用者等に戻す
④浄化槽の譲与手続きが円滑に進むよう支援する
⑤浄化槽整備事業の円滑な統一，普及推進のため，広報等で広く周知
⑥浄化槽を使用者等に譲与する事務手続きではさまざまな問題が出ることが予想されるので，想定されるケースを整理したマニュアルや質疑集等を作成し，使用者等に対して均衡ある対応を行なう

　公設浄化槽の制度をなくすことが政策の後退ではないので，浄化槽整備の補助額を増額する。2012年度から現行の補助単価441千円（補助基準額に対して4割）に2割上乗せし，5人槽529千円，7人槽662千円，10人槽897千円とした。

　A市の移譲事務の流れは次のとおりである。

（1）　保健所・法定検査機関への届出

　浄化槽の管理者が市から個人へ変更になるので，管轄の保健所と法定検査機関（県浄化槽協会）に浄化槽管理者の変更届を行なう。市は関係書類を準備して移譲を受ける者の署名・押印を得て一括して提出する。

（2）　引き渡し後の保守点検・清掃に係わる契約

　浄化槽のメンテナンスについて，資格をもった専門の業者と委託契約を締結するよう支援する。個人が業者に依頼し契約するか，初年度に限り市が浄化槽保守点検および清掃業者に見積書作成を依頼し契約締結を支援する。

（3）　浄化槽維持管理関係書類の引き渡し

　浄化槽の保守点検および法定検査の結果報告書等は3年間の保管が義務付けられているため，移譲前3カ年の結果（写し）を渡す。

　住民は古くなった浄化槽を譲与されるため修理費を懸念する。このため市は最終点検を行ない，必要な修理を行なったうえで引き渡すことにした。その費用は1基平均10万円前後になっている。

　なお，一括移譲する場合は，前出のA市の場合と異なる事務がある。浄化槽の無償譲渡に当たり「B市は浄化槽を使用者に無償で譲渡し，所有者はこれに同意します」旨の仮契約を締結する。無償譲渡は議会の議決が必要で，議決後は本契約書として取り扱われる。このように，個人に切り替えるには大量の事務作業が伴う。公設か個人設置かは，事業開始前に十分検討して判断すべきである。

　なお，公設浄化槽事業を打ち切って個人に移譲する取組みを始めた前出のA市では，地域住民に対して市の方針変更説明（右ページ），個別相談，事務手続きというように段階に分けて濃密な説明を行なって円滑に進めている。

〈変わります，浄化槽整備事業〜下水道整備計画がない区域の補助対象を拡充〉

　市は市内に設置される浄化槽について，市が浄化槽を設置する「浄化槽市町村整備推進事業(市町村設置型)」と個人が設置する浄化槽に補助金を交付する「浄化槽設置整備事業」により整備をすすめていましたが，平成27年度からは「浄化槽設置整備事業(個人設置型)」へ統一します。この事業の変更に伴い，下水道などの整備計画がない地域への補助金の対象を拡大しましたので，つぎのとおり募集します。

〈市設置の浄化槽が個人管理に〜平成29年度から譲渡開始します〉

　平成26年度までに市が実施していた「浄化槽市町村整備推進事業」の廃止に伴い，平成27年度から施行されるB市公設浄化槽管理条例により，市が管理している浄化槽のうち，設置後10年を経過したものを使用者に譲渡し，個人管理となります。譲渡後は浄化槽の保守点検や清掃，水質の検査は個人で専門の業者へ依頼していただくようになります。

　平成29年度から譲渡が始まりますが，対象者には順次ご連絡させていただきます。合併前に設置した浄化槽も対象になります。

○譲渡までのイメージ

　たとえば平成17年9月に設置した浄化槽

　例①　平成27年4月〜平成29年3月末　対象者への周知・譲渡の手続き期間

　　　　平成29年4月　個人管理に移行

　例②　平成22年9月に設置(平成32年9月に10年経過)

　　　　平成33年3月末までに譲渡手続きを行ない，平成33年4月個人管理に移行

4.3 公設浄化槽の課題

4.3.1 運営上の問題

人口減少社会に入り，公設浄化槽について今までは考えたことのないような課題が提起されている。たとえば，

①使用者死亡，転居などによる使用休止浄化槽の増加

②浄化槽の経年劣化に伴う修繕費の増加

③浄化槽を設置した住宅の使用形態の変更における対応(増改築，建て替え)

④現在の使用料で維持管理費を賄うことが困難

これらの課題について考えてみる。

①については，過疎化，少子化，高齢化で後継者のいない老親世帯や1人暮らし世帯が増加，空き家の発生が始まっている。空き家になれば使用料を納入する人がいなくなる一方，浄化槽を設置した自治体としての管理責任はある。浄化槽は機械なのでいつかは壊れる，しかも個人住宅に建築設備として付いている設備の責任を公共団体がもつことに対し，不安をもつ行政関係者は多い。

②は，浄化槽の経年劣化に伴う修繕費の増加である。修繕費を使用料算定に織り込んでいても公共下水道等の使用料に合わせているため，コストを回収するのは難しい。このように，一般会計からの繰入金で帳尻を合わせるので財政負担は変わらない。地方公営企業決算統計でみる限りは，浄化槽は下水道に比べて格段に安いコストで運営しているとはいいがたい。

③は，浄化槽を設置した住宅の使用形態の変更(増改築，建て替え)における対応である。これについては，条例で設置浄化槽の移動または撤去は建築物などの所有者負担であることを規定するとともに，「使用者の都合により，市で設置した浄化槽等を移動又は撤去する場合には，使用者(設置者)の費用負担で行っていただくことになります。」(A市個別生活排水事業説明資料)と，個人が負担しなければならないことを明記する自治体もある。しかし，これが明記されていないと根拠規定がないため，市町村の負担で対応せざるを得なくなる。

④の使用料については，下水道，農業集落排水といった集合処理と公設浄化槽を同じく位置付けて使用料を統一していることが多く，不足分はすべて一般会計からの繰入金で賄っている。

4.3.2　担当職員の負担が重い

　公設浄化槽の実施団体数が伸びない背景に担当部署の「事務負担が大きい」ことが挙げられる。浄化槽担当の仕事は，浄化槽設置，事業特別会計の管理，使用料徴収，浄化槽の維持管理委託，浄化槽管理情報の保存，住民からの問い合わせ，苦情処理と幅が広い。これを人口3万人以下の町では担当者1〜2人で，ときには他の業務と兼務で処理している。

　浄化槽は1戸に1基設置する。仕事の中身をみると，設置段階では住民の希

表4.8　浄化槽係の1年間の仕事の流れ

	事務・事業の項目
4月	・循環型社会形成推進交付金内示通知 ・新年度の個別排水設置事業共通設計書作成 ・前年度補助金請求事務 ・浄化槽整備事業に係る県費補助金の実績報告書提出 ・前年度分の個別排水処理事業会計(個排事業)決算事務
5月	・下水道債(個別排水)申請ヒアリング(県) ・公共事業(浄化槽整備事業)に係る契約の状況について県に回答 　(以下，毎月，月初めに前月分を県に報告) ・「浄化槽等処理人口調査」について県に報告
6月	・公営企業会計(個排事業)決算統計を県に提出 ・県市町村浄化槽普及促進協議会総会
7月	・前年度分の個排事業会計(企業会計方式)決算書提出 ・監査委員による決算審査
8月	・「浄化槽設置状況調査」用紙を県に提出
9月	・議会9月定例会に前年度決算報告議案提出 ・補助金追加内示通知
10月	・「浄化槽の日」関連行事
11月	・翌年度浄化槽整備事業の見込み調べ
12月	・本年度県浄化槽整備事業所要額調査 ・交付金交付決定通知 ・新年度予算編成作業，予算見積書財務課へ提出
1月	・新年度予算内示 ・「浄化槽行政に関する調査」用紙を県に提出
2月	・県浄化槽整備事業費補助金交付申請
3月	・議会3月定例会に新年度予算議案提出 ・補助金に係る県の竣工検査 ・下水道債借入申込み書提出

望調査，現地調査，工事設計，入札(見積合わせ)，契約，施工管理，完了検査，補助金申請，起債借入，台帳整備まで工事金額は小額でも事務処理はひととおりある。完了すれば点検，清掃，法定検査の申込み，使用料徴収，管理費用支払いなどと続く。それぞれ相手のある話なので担当者に大きな負担がかかり，目標を立てても計画通りには進まないことが多い。設置して終わりではなく，浄化槽が増えるほど仕事も多くなる。**表4.8**は市町村浄化槽係の1年間の仕事の流れであるが，経常事務に浄化槽の整備や管理の事務が重なる。

表4.9　町設置型浄化槽を1基設置する場合の仕事の流れ

担当者の事務
←浄化槽設置の相談(本人か工事店)
○相談の受付・現地調査と打合せ
←個別排水処理施設設置申請書(同意書添付) ・排水設備計画確認申請書(同時に提出)(本人または工事店→町)
○個別排水処理施設設置申請および個別排水処理施設受益者分担金納入通知について(伺い)文書決裁 　＊浄化槽本体工事(補助対象)と付帯工事(補助対象外)に分けて実施設計書作成
○個別排水処理施設設置工事(○○宅)の施工について(起工伺い)文書決裁
○浄化槽本体工事(補助対象)，付帯工事(補助対象外)の見積依頼(町→工事店)
○見積合わせを実施…＊切抜(金抜)設計書を添付した見積依頼
○個別排水処理施設設置工事(○○宅)見積合わせ結果および契約について(伺い) 　文書決裁＊見積合わせ状況調書(見積合わせ状況一覧表・予定価格書・予定価格調書の封筒)，工事店の見積派遣職員に対する委任状，工事店の見積書 　＊浄化槽本体工事契約書・仲裁合意書を町が作成
←浄化槽本体工事契約書・仲裁合意書，建設業退職金共済制度掛金収納書提出用紙提出(工事店→町)し，工事着工
←浄化槽本体工事完成届提出(写真添付)・付帯工事完成届提出(写真添付)
←排水設備工事完成届出書提出(下水道様式)
○竣工検査　検査終了後，工事等検査調書作成，文書決裁 　(本体工事，付帯工事別に作成)
←排水設備使用開始届(下水道様式)
←工事店から工事代金請求書提出，支払手続き
○浄化槽法7条検査申込み書提出(町→浄化槽協会)(月ごとにまとめて) 　・7条検査実施(浄化槽協会)
←浄化槽協会から結果通知(不適正の場合，改善指導)
○保守点検管理申込み(町→保守点検業者)…保守点検管理申込書(月ごとにまとめて) 　・11条検査実施(浄化槽協会，年1回)
←結果通知…不適正の場合，改善指導

　市町村設置型浄化槽を1基設置する場合の事務処理の流れを整理すると，**表4.9**のようになる。浄化槽は個別に設置するため，浄化槽の数だけ事務がある。民間からみたら，なぜ，こんなに書類が必要なのだろうか疑問に思う人もいるが，これは国民の血税を使っているからである。効率的に使ってほしいという人もいれば，逆にどのように使ったか，そのプロセスを透明にという国民もいるので，お役所仕事でおなじみの大量の書類を作成する。しかもそれを確認するため，県や国の補助事業担当職員，会計検査院，議会，監査委員，それに民間のオンブズマンもいるので，同じ仕事でも行政がやると大変手間のかかる仕事になる。

　浄化槽を設置する場合，希望者から工事申込みが出ると，現地で相談して工事計画を立て設計するなどの事務手続きを進める。役所の仕事の多くは法令に基づいて処理するのでデスクワーク中心にならざるを得ない。お役所仕事は書類で始まって書類で終わる。

　1人の職員が1年間に公設浄化槽を何基設置できるか聞いたところ，当該職員は複数の業務を掛け持ちしており，年間設置基数が30基前後であった。また別な町の担当はこの前年度に70基設置したが，これ以上は無理という答えであった。前記の**表4.9**で示したが，浄化槽設置事務フローで業務ごとのおおむねの所要時間を調べたところ，1基当たり16時間，日換算で2日になる。年間勤務日数を240日として専門に取組めば年間100基は可能ということになる。新築案件の場合，設計変更が頻繁にあり，業者がその都度打合せに来るので意外に時間がかかるということであった。

　浄化槽設置工事は小額でも1件の工事として発注するので，事務処理としては工事費が数千万円の事業とあまり変わらない。係単位の工事発注件数であると役所内で一番多く扱っていることになる。

4.3.3　浄化槽を総合的に管理するシステムの必要性

　浄化槽は工事と管理報告票の管理を1基ごとに行なうので，累計基数が300基を超えるあたりからシステムを使わなければ無理である。毎月送られてくる管理報告書を手作業で利用者別のファイルに分けて整理するだけで手一杯で，報告書から浄化槽の管理状況を分析して現場に出て改善を考えるところではない（写真4.1，写真4.2）。

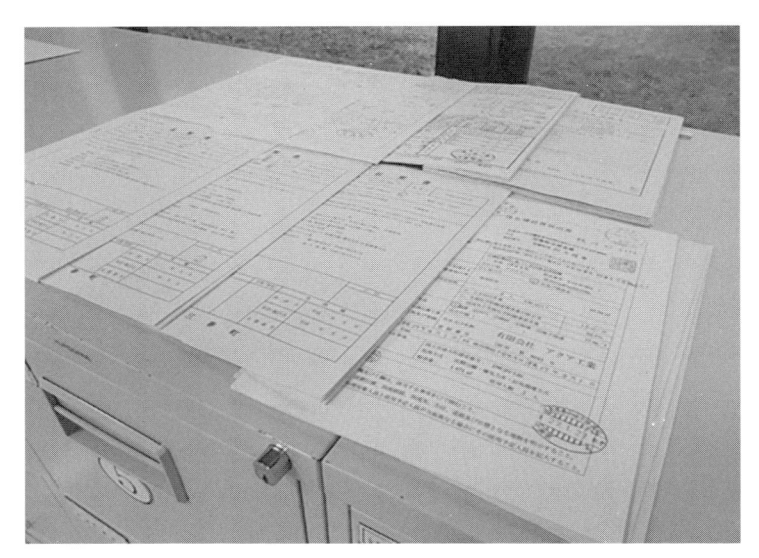

写真4.1　個別排水設置事務の決裁文書（浄化槽１基分）

写真4.2　個別排水処理施設（浄化槽）台帳の保管状況（１基ずつフォルダーにファイリングされている）

　ある町では，集合処理の下水道・農業集落排水等の計画区域のうち，効率の悪い地区を縮小して公設浄化槽の事業を始めた頃の担当者には仕事に高揚感があったかもしれないが，後任者の時代に入ると，安くできるのはいいとしても，基数が増えるに従って事務取扱量が増えてハードになり，累計基数が増えるだけ自分の首を絞めるという。汚水処理人口普及率が90％に達し，国は10年で汚水処理を概成させると意気込み，浄化槽が期待されても，現場の浄化槽係に勢いがないのは気になる。

　このような問題はどこからくるのだろう。一番は公設浄化槽の維持管理がシステム化されていないことである。公設浄化槽は市町村の規模によって数百基規模から1万基を越えるところまである。そうなると，完成後の浄化槽を管理する体制の整備とそのデータを管理するシステムが必要になる。岐阜県のらくらく一括契約や長野県の佐久市浄化槽協会などによる一元管理は，すでにシステム化されている。

4.4　浄化槽の公的管理の意義

4.4.1　時代の変化と浄化槽の対応

　市町村設置型の事業が創設されたのは1994年で，それから20数年以上が経ち社会経済状況は様変わりした。関係者の努力もあって浄化槽は汚水処理装置としては完成の域に達しているが，それを使いこなす仕組みづくりは道半ばである。いい装置があっても使い方が"上手"でなければ宝のもち腐れになる。PFI，維持管理の一括契約，維持管理組織の設置などさまざまな方法が考えられたが，それを採用したのはごく一部で，多くの自治体では相変わらず補助金交付事務を淡々と処理しているだけのようにみえる。市町村の現場はまだ"浄化槽"が下水道の代わりになるとみていないのではないか。

　だからといって，人口が大きく減少することが見込まれる時代に，老朽化した下水道施設を単純更新すれば，長期借入金（償還期間30〜40年）の償還で，人口減により体力が低下している市町村の財政を直撃する。後輩たちが，使う人がいなくなった下水道の借金返しをしている姿を想像しただけでゾッとする。そうしないためには，浄化槽を上手に活用して下水道の財政問題は今の世代限りとする道をとるべきである。今後，市町村は地域再生や地域福祉・医療など

の対応で財政的にはますます小回りが利かなくなる。資産は抱えこまないことである。単独転換，汲み取り便所の水洗化など整備段階の財政支援を手厚くし，維持管理は浄化槽の設置者と維持管理業者が連携して行なう仕組みを整備すべきではないだろうか。

4.4.2 財政支援の違い

浄化槽を整備する方法としては，設置する個人に対し工事資金の一部を補助する方法と，広義の下水道施設として市町村が設置する方法の2つある。個人設置は工事費用の一部が国・県・市町村から補助される他は個人が負担する。一方，公設の浄化槽は設置費用の1割程度の受益者負担と国補助を除いてすべて設置市町村が負担する。これは，公設浄化槽を広義の下水道として整備するからである。

維持管理費は，個人設置の場合は個人がすべて負担する。対して公設は市町村が特別会計を設けて運営するため，使用者は条例に定められた使用料金さえ納めればよく，足りない分は下水道と同じように一般会計から繰入れて収支を合わせる。こうすれば公設浄化槽と公共下水道の利用者負担は公平であるが，個人で設置した浄化槽利用者との差は大きく，その差額は年間3万～4万円になる。住民の負担の差は10年で30万円，50年住むと150万円前後になるので侮れない。

浄化槽の "命" は，点検と清掃をしっかり行なうことである。浄化槽の維持管理費用は地域により差があるが年間5万～7万円かかる。そのため，浄化槽法で義務付けられている第11条検査を受検しない浄化槽が6割（合併処理浄化槽だけでは4割）もある。その対策として，個人設置の浄化槽に対して保守点検，清掃，法定検査に係わる費用の全部または一部を補助することで，定められた管理の履行を促す市町村もある。

公共下水道や農集排施設の整備には1戸当たり数百万円もの公金をつぎ込み，使用段階になれば使用料で回収できない分は，すべて公金を入れて帳尻を合わせている。下水道の利用者にとっては「至れり尽くせり」の事業であるが，これと個人が設置した浄化槽の扱いは，天と地ほどの差がある。しかも，行政の現場ではこれを当然と考えている人が多い。浄化槽の財政支援は首長等が政治決断しないかぎり難しいのが実情である。

4.4.3　人口減少社会での浄化槽の価値

　人口が減り始めると高齢化が進むが，しだいに高齢者も減るので人口の減り方は加速するといわれる。下水道は集合処理を中心にして整備された。遅れて始まった町村部でも間もなく更新時期が到来するので，現在の規模で更新していいか難しい判断が求められる。

　下水道事業は，もともと地方公営企業法適用の有無に係わらず，公営企業として経営することが義務付けられている（地方財政法で規定）。下水道事業の経営としては「排水処理区域人口密度」が1 ha40人以上の人口集積が目安だとされるが，市町村の多くでは10〜30人/haしか住んでいないところでコストのかかる集合処理方式を採用した。しかも，水洗化率（接続率）は整備から20年を経てようやく85％（地方公営企業決算統計）では，地域の人口が4〜5割減少するという時代を迎え，単純に更新すれば財政的にはいき詰まり，過大な更新負担が市町村の財政を直撃することになる。更新に当たって，非効率な地域では浄化槽をいかに活用するかで，その後の市町村の財政運営が決まる。

4.4.4　公設浄化槽を個人移譲する動き

　4.2.3でも述べたが，平成の大合併以降，公設浄化槽事業を廃止して個人に移譲する動きが出ている。合併したなかに市町村設置型浄化槽整備事業を行なっていた町村がある場合でも，行政の効率化のため，実施数が多い個人設置型に統一して公設事業を中止するケースである。

　公設から個人に切り替える方法は，①整備事業が完了している場合は，整備から10年を経過した浄化槽を使用者に一括無償譲渡，②整備完了から10年を経ない場合は，整備から10年が経過した浄化槽を順次譲渡する。なお，「10年」は補助金適正化法による浄化槽の財産処分制限年数である。

　合併前の旧市町村では，自治体の政策として地域の特性や実情に合わせ公設の浄化槽整備に取組んできたが，新市になって浄化槽を整備する方式が2つ併存するのは効率が悪い。どちらかの事業に統一するという政策変更である。公設浄化槽事業で整備した地域からは，導入当時の説明と違い納得できないという意見が出たが，市は，柔軟にバランスよく取組むことのできる方法として個人設置型を選択している。浄化槽は下水道を補完する役割を担って登場した経緯があり，戸別に設置するなら個人補助でいいのではないかと考える自治体は

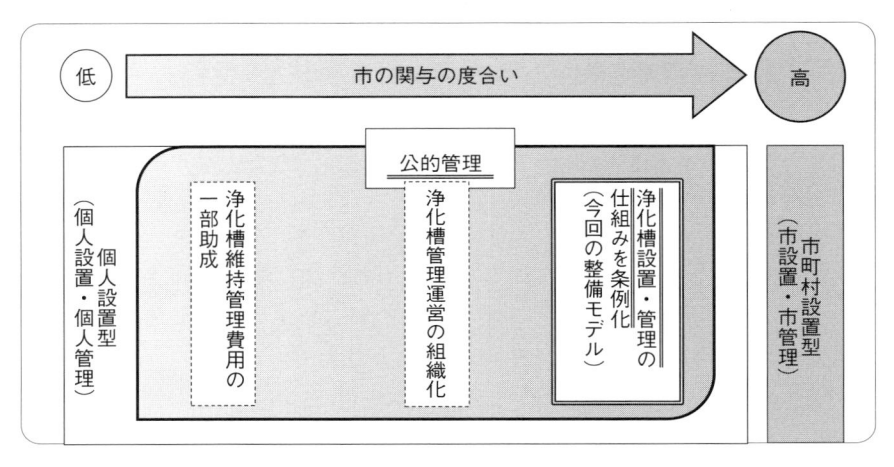

図4.2　田川市の個人設置・公的管理による浄化槽整備事業のイメージ

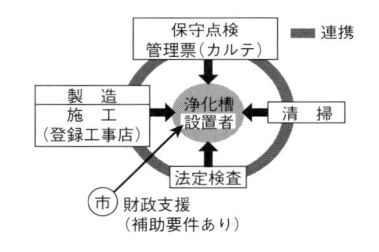

■公的管理
　①技術講習会受講　②登録工事店施工　③維持管理一括契約　④浄化槽管理票の整理
　⑤相談室の設置
■補助要件の追加
　①登録工事店による施工
　②技術講習会（年1回開催）を受講した浄化槽設備士による実地監督
　③継続した維持管理契約の締結

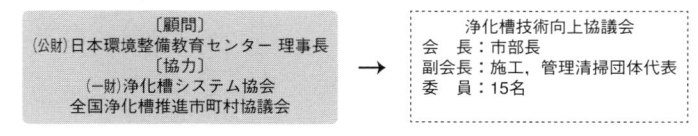

図4.3　田川市における個人設置・公的管理型浄化槽整備事業の仕組み

多いのである。

4.5 多様な方法で公的に管理する時代

4.5.1　公設浄化槽整備に消極的な理由

　市町村設置型浄化槽整備事業が低調なのは，前述したように，個人が利用する浄化槽を自治体がもてば，将来 "お荷物" になりかねないと考えているからである。

　浄化槽の所有権をもたなくても一定の効果を出す方法がないだろうか。

　市町村設置型のメリットである浄化槽の設置や維持管理へ行政が関与しながら，将来的なリスクを負わない個人設置型の整備モデルとして，個人設置・公的管理型の浄化槽整備が考えられた。この方式は，設置も維持管理も住民主体で行なうが，設置費用の増額補助に条件を付すことで浄化槽の設置および維持管理に自治体が関与する手法である。図4.2のように，市町村設置型と個人設置型の中間に位置する。

4.5.2　個人設置・公的管理浄化槽

　福岡県田川市は「個人設置・公的管理浄化槽整備事業」を2019年 4 月にスタートさせる。市は2016年10月に浄化槽で市内の汚水処理を行なう方針を立て，2018年 9 月議会で「田川市浄化槽の普及等の推進に関する条例」制定について議決を得て施行した。その内容は図4.3のとおりで，民間活力に期待しながら行政がこれを下支えする仕組みである。

　市は単独処理浄化槽と汲み取り便所の合併処理浄化槽への転換を重点化，国県の補助に市が大幅に上乗せする政策をとった。この交付要件に市の講習会を受けた技術者を置く登録店による施工，維持管理業務委託の一括契約を義務付けた。なお，浄化槽関係業者と行政が連携する組織として「浄化槽技術向上協議会」を置いている。一方，浄化槽関係業者は 4 業種連携の要になる「管理票（カルテ）」を整備，管理情報を共有する。また，市民と 4 業種をつなぐ相談窓口として「相談室」を設置する。

　浄化槽を安定して維持するためには，浄化槽の製造会社，設置工事業者，保守点検事業者，清掃事業者，法定検査機関，行政がおのおのの役割を果たすことで実現できる。講習会は浄化槽に係わるすべての者が一堂に会し，現場の中

堅技術者が講師になって基本と実務を勉強する。"利用者第一"で，新技術の習得，業務のポイントなど仲間とともに学ぶことで管理技術レベルを底上げする。仕事は"チーム浄化槽"で取組み，現場で気付いたことがあれば，次の現場担当者に伝え，チームとして対処する。

　浄化槽管理の業務の"要"になるのが浄化槽の「管理票（カルテ）」で，1基ごとに重要な管理情報を記録し次の管理に活かす。これをみれば管理経過がわかり，直近に浄化槽をみた専門員から申し送り事項が書いてあれば，担当者はそれをみて精度の高い業務ができる。不具合があれば協力して解決する。浄化槽の設計や製造に起因する問題であれば，メーカーに持ち帰って対応する。講習では，各業種の専門家から他業種の方に注意して欲しいことも伝える。IT技術を使って情報を共有，浄化槽情報管理の一元化と省力化，関係者のコミュニケーションのためタブレットを導入する話も進められている。

4.6 まとめ

　政府の2019（平成31）年度予算編成では，市町村整備推進事業と単独処理浄化槽の合併転換，汚水処理未普及人口の解消につながるものに予算を重点化する方針が示された。また，2019年1月25日には総務大臣名で「公営企業会計の適用の更なる推進について」の通知が出され，このなかで浄化槽事業特別会計についても公営企業会計に移行するよう要請された。その結果，市町村設置型で浄化槽整備を進める市町村では今後5年の期限内に移行に取組み，公営企業として広義の下水道事業の一翼を担うことになる。

　浄化槽は個別に管理するため設置数に比例して事務量が増加する。この個別管理費用が管理コストを押し上げて，公設浄化槽の経営指標を悪くしていた。公営企業会計が導入されることで，他の汚水処理方式との比較がバランスシートで行なわれるようになる。浄化槽の競争優位はトータルコストで証明しなければならないので，業務の効率化が避けられない。そのためには「行政機関内の役割，業務分担の見直し簡素化」，「浄化槽の台帳管理の電子化」，「地域業者とのパートナーシップ」などの努力は欠かせない。また，個人が設置管理する浄化槽についても公共的な役割を担うので，行政は公設以外の浄化槽についても公的な関与を深めていく必要がある。M町における公設浄化槽事業の財務諸

貸借対照表（2018年 3 月31日現在）

資産の部		負債の部	
固定資産	369,464	固定負債	200,219
		流動負債	17,155
流動資産	45,191	繰延負債	224,783
		負債合計	442,157
		資本の部	
		資本金	26,384
		剰余金	△27,501
		資本合計	△1,117
資産合計	414,655	負債・資本合計	577

注）有形固定資産の減価償却累計　138,172千円

＊グラフ中の単位：千円

損益計算書（自2017年 4 月 1 日〜至2018年 3 月31日）

科目	金額
営業収益（使用料）	49,591
営業費用	61,698
営業損失	12,107
営業外収益	28,278
営業外費用	21,592
経常損失	△5,421
特別利益	114
特別損失	467
当年度純損失	△5,774
当年度繰越欠損金	△21,727
その他未処分利益剰余金変動額	0
当年度未処理欠損金	△27,501

注）一般会計からの繰入金　2,443千円

図4.4　公設浄化槽事業の財務諸表の例（M町）

表の例を，図4.4に示した。

―参考文献―

1)　遠藤誠作：進化する市町村設置型浄化槽，公営企業，2015年11月号，85〜91（2015）.

2)　遠藤誠作：人口減少時代の下水道整備〜浄化槽活用についての一考察，年報 公共政策学，第 9 号，169〜183（2015）.

3)　遠藤誠作：公設浄化槽の10年問題，環境情報，No.829（2017年12月 1 日号）（2017）.

4)　遠藤誠作：公設浄化槽事業の現状と公的管理の必要性，公営企業，2018年 4 月号，42〜53（2018）.

5)　遠藤誠作：浄化槽の公的管理・公営企業化，公営企業，2018年 8 月号，102〜115（2018）.

6)　二場孝博，重久真一，濱田裕介：田川市個人設置・公的管理型浄化槽設置整備事業費補助金について，平成30年度田川市浄化槽技術講習会テキスト，p.1 〜20（2019）.

第 5 章

民間活用と PFI 事業

本章では，浄化槽事業に関する民活のうち，おもにPFI（Private Finance Initiative：プライベート・ファイナンス・イニシアチブ）方式を検討あるいは導入を目指すさいのポイントを示す。

5.1 浄化槽と民活

民活は，民間活力の活用の略としてこの章では定義する。民間活力には民間の技術や事業経営ノウハウ，さらには民間資金なども含む。国内で民活という語句が出始めたのは1986年に「民間事業者の能力活用による特定設備基盤促進に関する臨時措置法」（民活法）が5月に制定された頃からのようであるが，現在一般的に用いている民活は1999年の「民間資金等の活用による公共施設等の整備等の促進に関する法律」（PFI法，1999年7月制定）によるものである。

浄化槽の分野では，住民が設置，維持管理する私設型から始まり，公共関与は1987年の「合併処理浄化槽の設置に対する国庫補助事業」（個人設置型）創設からとなる。その後，1994年に「特定地域生活排水処理事業」が創設され，特定の地域（水道水源地域や湖沼の流域）において市町村が設置主体となって戸別に浄化槽を整備する手法が導入された。いわゆる市町村設置型の始まりである。

同事業は2003年，地域要件に"浄化槽による汚水処理が経済的に効率的な地域"も追加され，名称も「浄化槽市町村整備推進事業」に変更となり，現在の市町村設置型が定まったといえる。このように市町村設置型は非公共分野の一部に公共が入り込んだ形となったが，浄化槽の設置工事のみならず，保守点検においても実質的には委託という形で民活は行なわれてきた。

他の公共事業は，これまで公共が維持管理人員を揃えて対応するいわゆる直営式であったが，浄化槽事業は一部の自治体・地域を除いては直営式を採用した例はほぼない。浄化槽に関しては従来から民活をベースとした事業である。

とはいえ，事業の主体者が自治体である以上は，事業に対する適切な管理が必要である。管理にはいろいろな面があるが，とくに浄化槽では，維持管理に関する視点や事業運営の継続性の視点が重要である。自治体にとって民活導入は，なるべく簡易であることも重要な要素であるが，一時的に簡易であっても責任の所在や体制が曖昧になると，後々課題を残すことになる。

民間体制よりも，国民・住民の意識と行政側の姿勢に課題があるといえる。

表5.1　浄化槽の民活形式の分類

形式	設置工事	保守点検業務	備　考
標準型	請負工事発注	業務委託	設置と維持管理を別委託
民活1	指定工事店に発注	業務委託	設置工事勧誘等作業も民活
民活2	指定工事店に発注	包括民間委託	一定のメンテナンスも民活
PFI	SPCから買取	SPCに委託	設置と維持管理を一括委託

注) SPC：特別目的会社

公害の時代をおおむね乗り越えたといえるわが国では(後遺症等の解決は残っているが)，その次の目標が漠然としている感がある。公害の防止という国内均一的な基準型から，地域ごとの基準や目標となる時代に移っていることも背景にあると考える。

さらに，少子高齢化というこれまで経験していない時代を迎えて，その対処方法の答えを探しきれていない。人口が減少しても社会そのものがなくなるわけではないので，浄化槽の民活は事業の継続性および役割分担の視点で論じていきたい。さきほど安易過ぎるのは課題を残すと述べたが，これはそのときの方法や手順が安易であると，事業の継続性等をおろそかあるいは気にとめない状態になる可能性を指摘したものである。他の事業でも同様であるが，整備に気を取られがちで，維持管理や事業運営は次の世代(自治体では次の担当者)が考えることとして先送り的な面がある。これまでの人口増加や経済成長をしていた時代では整備が優先であり，施設も比較的新しいことから，維持管理・事業運営ひいては施設老朽化・施設更新などはあまり視野に入らなかった。しかし近年，人口の頭打ちから減少へ，施設も全般的に老朽化の時代になり，整備手法の転換・取捨選択が必要となった。

浄化槽の民活の種類は，表5.1に示したような分類ができる。

5.2　浄化槽のPFI事業

PFI手法は英国がはじまりといわれている。英国経済が1960年代に停滞し，1970年代に国営企業民営化等から公共事業の民活へと進む。サッチャー政権が1979年に誕生するとさらに加速し，1992年に英国のPFI法が生まれた。日本でも前述のとおり1999年にPFI法が制定，施行された。

近年ではPPP(Public Private Partnership：パブリック・プライベート・パ

表5.2 浄化槽PFIの導入パターンと導入検討の内容例

パターンの種類	検討の内容の例
個人設置型から市町村設置型とPFI導入同時	個人設置型, 市町村設置型(直営方式), 市町村設置型(PFI方式)の比較検討
市町村設置型実施途中からPFI方式導入	市町村設置型(直営方式), 市町村設置型(PFI方式)の比較検討

ートナーシップ)という用語が使われるようになり, 公民が連携して公共事業を行なっていこうというもので, これまでの民活よりもさらに幅広い民活の概念といえる。

　PFI導入の背景には, 行政の財政逼迫等を民間資金やノウハウで緩和あるいは解消を狙ったものである。浄化槽PFI方式はコスト縮減もさることながら, 利点として浄化槽の設置と維持管理を連携してかつ一体的に管理・運営できることである。個人設置型や私設浄化槽においても, 各個人や関連業者が連携して設置, 維持管理を適切かつ適正に行なわれるのであれば, それはある意味では生活環境の向上, 公共用水域保全について公民連携の現われであるといえる。公共下水道のような集合処理では処理施設の管理・運営主体が公であり, かつ集中的であるが, 浄化槽は各戸において管理することから, その管理・運営をいかに適切・適正な実施をいきわたらせるかがポイントである。その仕組みとして市町村設置型やそのPFI方式がある。

　浄化槽PFI方式を導入するさいのパターンと導入検討の内容例を, 表5.2に示した。これまでの事例では, 個人設置型から市町村設置型PFI方式に転換するパターンが多い。近年では市町村設置型(直営方式)で事業を開始後に, PFI方式を導入する例も出てきている。

　次に, 浄化槽PFIの歴史と実績を示す。1999年のPFI法の施行の後, 2002年度に環境省の廃棄物処理施設整備国庫補助事業にPFI方式の事業も補助対象となった。福岡県香春町(かわらまち)が2004年に浄化槽PFI方式国内第1号となる事業を開始した。以降, 2017年度末までの約13年間での実績は表5.3のとおり, 全国で17自治体19事業(1自治体で複数の事業もあり)である。13年間の事業開始数は年平均で約1.5件となる。

　浄化槽PFI方式の概要や導入の流れなどは, 環境省ホームページにある「市

表5.3　市町村設置型事業PFI方式導入の事例（2018年時点）

No.	市町村名	都道府県名	事業状況	設置基数*	事業開始	事業期間	備　考
1	香春町	福岡県	終了	3,500基	2004年度	10年間	
2	壮瞥町	北海道	終了	150基	2005年度	10年間	
3	三好市	徳島県	第一期終了	750基	2005年度	10年間	旧山城町区域
			第二期実施中	2,720基	2015年度	16年間	
4	紫波町	岩手県	終了	1,200基	2006年度	10年間	
5	富田林市	大阪府	第一期終了	450基	2006年度	10年間	
			第二期実施中	325基	2012年度	10年間	
6	十和田市	青森県	実施中	2,380基	2007年度	15年間	
7	奥州市	岩手県	終了	800基	2007年度	10年間	旧水沢市区域
8	宮古市	岩手県	終了	1,500基	2007年度	10年間	
9	紀宝町	三重県	実施中	1,500基	2008年度	11年間	
10	唐津市	佐賀県	実施中	2,500基	2009年度	10年間	
11	愛南町	愛媛県	実施中	2,200基	2010年度	13年間	
12	最上町	山形県	実施中	420基	2011年度	10年間	
13	嵐山町	埼玉県	実施中	500基	2012年度	10年間	
14	柏原市	大阪府	実施中	300基	2013年度	10年間	
15	和泉市	大阪府	実施中	150基	2015年度	10年間	
16	みやき町	佐賀県	実施中	1,500基	2016年度	10年間	
17	宮崎市	宮崎県	実施中	1,500基	2017年度	10年間	

＊：事業契約変更後の基数

町村浄化槽整備計画策定マニュアル＜官民連携による浄化槽の積極的な普及促進に向けて＞」を基にしながら，以下に述べる点の活用や加味をして進めていただけると幸いである。

5.3 VFM

　PFI方式の目的は，前述したように民間資金の活用も1つであり，その活用効果を定量的に判断する指標がVFM（Value for Money：バリュー・フォー・マネー）である。VFMは「従来の方式と比べてPFIの方が総事業費をどれだけ削減できるかを示す割合」（内閣府ホームページ，民間資金等活用事業推進室（PPP/PFI推進室）より）ということであるが，いい換えると自治体職員が事業に直接従事する場合（本書では"直営方式"という）と，民間活用によるPFIで行なう場合の総事業費の差である。浄化槽PFIのVFMの概念を簡単に示すと，図5.1のようになる。

PFI導入可能性調査は，このVFMを算定するためさまざまなデータの収集や計算，PFI事業を担う可能性がある民間事業者の有無，さらには，民間事業者への情報提供なども含む。VFMの算定は，これらデータが揃えば一般的な計算ソフトで算定が可能である。環境省HPには「PFI導入判定ソフト」も掲載されているのでそれを活用する方法もある。

浄化槽PFIのVFM（直営方式総事業費−PFI方式総事業費）の差のおもなものは，事業に携わる自治体職員の人員数イコール人件費の差である。設置工事費，維持管理費は直営方式，PFI方式とも大きな差はあまり生じないと認識したほうがよい。

個人設置型から市町村設置型PFI方式を採用する場合は，直営方式に必要な職員を実際は確保できないことがほとんどであり，確保できないから民間活用を検討するのであるが，この場合も確保できると仮定して計算を行なう。筆者の経験では，市町村設置型直営方式からPFI方式に転換するケースの背景には，事業の進行とともに職員数が足りなくなるなどの点から検討を行なう例があり，このパターンは職員不足や職員人件費の削減面でPFI方式採用の効果が実

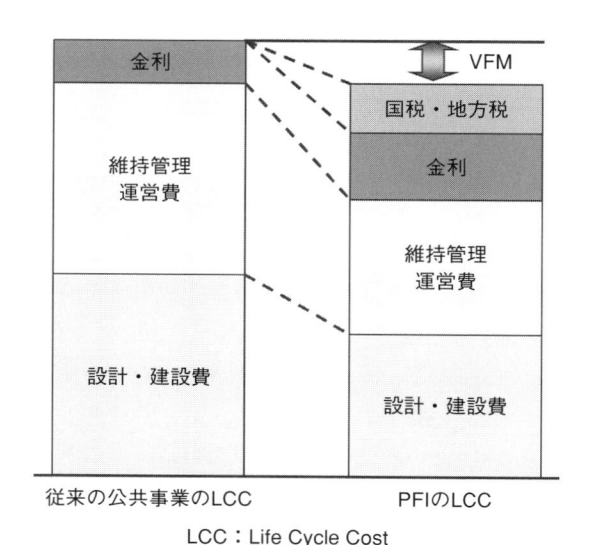

LCC：Life Cycle Cost

図5.1　PFI導入判断指標とVFMのイメージ

際的に現われやすい。

5.4 民間事業者への情報提供

　浄化槽事業は個人設置型，市町村設置型を問わず各自治体地域の地元民間事業者が担っていることが多い。これら地元民間事業者はPFI事業というものに初めて触れることが多く，事業の主旨や手法を独自に理解・勉強する方法もあるが，自治体が事業主旨の情報共有化も含めた勉強会や説明会を実施する方法もある。近年のPFI方式を検討あるいは導入している自治体では，このような会を実施している例が多くなっている。

　とくに，PFI方式は，浄化槽の設置・維持管理等を含めた事業運営の裁量を民間事業にゆだねるものである。民間事業者も待ちの姿勢(受動的)から積極的かつ主体的(能動的)な意識と行動が必要である。このような事業方式に初めて触れると戸惑いの反応を示される場合が多い。事業内容(設置工事や保守点検などの維持管理)は，個人設置型や市町村設置型と同じであり，PFI事業の成否は，さきに述べたように民間事業者の積極的かつ主体的(能動的)な意識と行動があるか，そしてそれが継続するか，である。この点を民間事業者，自治体とも確認し，認識を共有化して可能性調査や事業実施に取組むことが重要である。これらを共有化する機会として勉強会等の活用を推奨する。さらに，前述のように，浄化槽PFI方式を導入した自治体や事業に携わっている民間事業者の先進事例があるので，これら自治体や民間事業者の視察や情報交換なども有効である。事業着手には時期や機運もあるが，業界団体との会議等を活用して日頃からPFI等の情報提供等も行なう取組みも有効と考える。

5.5 事業リスクの留意点

　PFI方式では，事業のリスク低減の観点からSPC（Special　Purpose Company：特別目的会社）を設立して，その会社が事業を実施する形態が一般的である。なお，SPC設立は法的必須事項ではないこと，SPCや事業に係わる資金や出資は，本来，プロジェクトファイナスであること，などであるが，国内のPFI方式でこのプロジェクトファイナスを用いた事例は少ない。浄化槽PFIではプロジェクトファイナンスによる事例は現時点ではなく，資金等は

表5.4 SPCの資本金規模等の例

資本金	500万〜1,000万円
事務所の設置	SPC構成企業の事務所内に設置
社員構成	1〜2名(構成企業の社員が兼任もあり)

SPC構成企業が出資や金融機関から構成企業が融資を受けてそれに充てているため，SPC設立とリスク低減の点ではその構図の理解と留意が必要である。

　SPCの実態は，SPCそのものが許認可や人員，機材を確保するのではなく，SPCを構成する企業や協力企業が実際の資格や人員・機材を活用して事業を行なうもので，契約上の会社と位置付けられる。このため，SPC設立時の資本金も半年から1年間程度の運転資金の確保が1つの目安である(表5.4)。

5.6 浄化槽の整備目標基数

　生活排水処理基本計画，浄化槽整備計画の策定がまず基本である。浄化槽整備計画は浄化槽事業を実施するための計画として位置付けられている。環境省が取りまとめた「市町村浄化槽整備計画策定マニュアル」(2014年策定)に盛り込まれたもので，年度別の整備基数や事業手法などを定めるものである。PFI方式の検討ではこの計画を基にすることが効率的である。

　ここで留意すべき点としては，整備基数の扱いである。生活排水処理基本計画や浄化槽整備計画は，計画目標の1つとして汚水処理率100％があり，これを達成するために必要な浄化槽整備基数を算定する。浄化槽PFIの整備目標基数は，これら計画の整備基数とは異なる場合がほとんどであり，SPCに対する契約事項となる意味合いも有している。すなわち，SPCに整備してもらいたい基数，別のいい方をすると，SPCに対するノルマ的な性格を有する。

　浄化槽の設置(維持管理も同じであるが)は，そもそも住民の意思決定が基本である。個別処理区域における住宅の新築の場合はほぼ浄化槽が設置されるが，既存住宅では汲み取り便所，単独処理浄化槽からの合併処理浄化槽への転換は強制ができないため，必ずしも計画通りに整備等が進まないのが現実である。このため，PFI期間に何基整備可能か(住民の設置意思見込み基数)を設定する必要がある。この基数は，さきに述べたようにSPCとの契約事項となる場合，SPCの企業運営の基礎となる規模，あるいは，インセンティブまたはペナルテ

ィーにも関係する。

　浄化槽PFIは近年ではペナルティー内容を自治体側から指定することはほとんどなく，民間事業者からこれら整備基数を基に，インセンティブやペナルティーの内容を提案してもらう事例が増えつつある。PFI期間は10年程度の事例が多く，この期間で汚水処理率100％を達成することは事実上かなり困難であることから，生活排水処理基本計画等の目標基数とPFI期間の整備基数が異なることとなる。この基数の設定においては，事前の住民アンケート結果等を考慮するが，近年の事例では汚水処理率100％に対して50～30％が多い。少子高齢化等が背景にあるが，30％程度の場合，議会等からは浄化槽整備事業やPFI方式の意義や有効性について疑問を呈される場合がある。このような数値や計画については，住民・議会等の説明においてその根拠や主旨を十分に示し理解を得る必要がある。ただし，過度の整備目標基数の設定は，SPCの事業運営も影響することから控えるべきである。

5.7　PFI事業スキーム

　事業スキームは，設置工事，維持管理業務が基本となり，これに住民から徴収する使用料の徴収作業の支援を含める場合もある。浄化槽汚泥の清掃・収集運搬は，廃棄物処理法の再委託禁止条項があることから，事業スキームには含めない例が多い。もし事業スキームに含める場合，環境省では三者契約をするよう指導している。三者とは，清掃・収集運搬業者，SPC，自治体である。なお，浄化槽汚泥の清掃・収集運搬を事業スキームに入れる場合の留意点として，前述の三者契約の他に，とくに汚泥の収集運搬は許可制であり各自治体でもこの許可業者数が限られているため，PFI事業においてはこの許可業者の取り合い，あるいは，囲い込みなどで，民間事業者の応募の足かせとなることもあり得ることである。

5.8　事業スケジュールと交付金の活用

　事業までのスケジュールでは，筆者の経験では最短で約2カ年度，実質は十数カ月という事例もあるが，基本的には，生活排水処理基本計画，浄化槽整備計画，PFI導入可能性調査，民間事業者選定・契約に各1年度とした計4年度

を推奨する。

　また，生活排水処理基本計画を除く計画や調査などには，環境省の交付金制度の活用（交付金1/3）が可能である。活用には，原則として地域計画書を計画や調査開始年の前年度に環境省に提出して受理される必要がある。PFI導入可能性調査や民間事業者選定・契約業務からの活用も可であるので，自治体の事業スケジュールに応じて検討・準備するとよい。該当する交付対象事業名は「施設整備に関する計画支援事業」である。

5.9　契約方法と予算

　浄化槽PFIの契約額は，単価契約が一般的である。単価契約の項目，内容の例を表5.5に示す。各単価には，直営方式での請負工事費額，保守点検業務委託費額の他に，SPC等の運営費や住民に向けた事業PR，浄化槽設置の勧誘業務，一定の補修費・浄化槽の適正使用PRなどの諸経費を含めた額となる。これら諸経費は，これまで自治体が担っていた作業やそれに伴い支出していた費用が民間に移るという理解も必要である。

　また，自治体はPFI事業期間の事業に係わる支出費用を総額で債務負担として議会の承認を得ておく必要がある。工事等の入札方式では，予算の確保が発注の必須条件である。浄化槽PFIの多くの事例では公募型プロポーザル（随意契約）を採用している。自治体の契約部局等の考え方にもよるが，公募型プロポーザルは入札ではないため，公募段階で必ずしも予算を確保（議会議決）していなければならないということはない。なお，契約締結（仮契約から本契約に移行）では予算確保は必要である。ある事例では契約の議会議決と予算の議決

表5.5　浄化槽PFIの契約方法の例

契約事項	契約額等	内訳
浄化槽買取	浄化槽人槽別買取単価	・工事金額に諸経費等を加味した額 ・諸経費等：測量・設計費，住民向け宣伝・勧誘等経費
維持管理業務委託	浄化槽人槽別委託単価	・保守点検費に諸経費等を加味した額 ・諸経費等：機器補修費，住民向け宣伝・勧誘等経費

を同時に行なったものもある。ただし，予算案が議会で可決されない場合は，事業および仮契約を破棄する場合があるなどの条件を付して公募や仮契約を行なう必要がある。総合評価一般競争入札方式を採用した事例もある。この場合は入札であるため，公告段階には予算を確保しておく必要がある。

5.10 民間事業者の選定委員会

　浄化槽PFIの場合，SPCとなる民間事業者を価格のみでなく技術力や経験，提案内容など総合的に評価して選定する。選定方式は，前述のとおり総合評価一般競争入札方式か公募型プロポーザル方式のどちらかとなる。どちらの方式でも資格審査や提案書審査・評価などを行なう。提案書審査・評価では，「民間事業者選定委員会」や「民間事業者提案書評価委員会」などの組織を設けて対応している。自治体によっては独自にPFI事業ガイドラインやPFI事業実施要綱などを作成している場合もある。委員会の役割は，民間事業者を選定する場合もあれば，提案書を審査・評価するまでの場合もある。

　委員の構成は，かつては地方自治法の入札規定等から学識経験者2名を含むという時期もあったが，近年は委員会および事務作業の簡素化などとした法改正もあり，提案書や民間事業者選定基準に対して学識経験者2名以上の意見聴取へと変更となり，必ずしも委員に含まれる必要がなくなった。ただし，学識経験者が委員に加わる必要性を意見した場合は委員に加わる場合がある。

　また，公募型プロポーザル方式は，地方自治法の随意契約であり入札ではないため，上記の学識経験者2名の意見聴取も必須ではない。公募型プロポーザル方式の最近の事例では，自治体職員（管理者クラス含む）のみの委員で委員会を構成・運営しているものもある。

5.11 契約単価と住民負担金，使用料金

　PFI方式は，コスト縮減も1つの実質的な目的である。浄化槽事業がPFI事業期間と同一である場合は，契約単価等をベースに住民負担金や使用料金を設定する方法もあり得る。しかしながら，浄化槽事業は設置後あるいはPFI事業終了後も維持管理は継続する。設置工事も，PFI事業終了後も発生する場合やPFIとは別方式で設置事業を継続する場合もある。PFI事業終了後の住民負担

金や使用料をそのときの事業方式（事業原価あるいは工事契約額，維持管理契約額）に応じて変更する方法もあるが，負担金や使用料がとくに値上がりとなると住民の合意が得られがたい。

事業方式が異なれば原価・単価も異なる可能性が大きい。よって，住民負担金や使用料金は当初計画した額にて実施し，民活により事業費が低減する場合はその低減分を基金や今後の更新事業などに振り当てるなどが望ましい。これにより，住民負担金等の連続・公平性や事業の安定性に寄与する。契約単価にて住民負担金や使用料金を設定し，PFI事業終了後に差額分を自治体が負担し苦慮している事例もある。直営型においても同様で，公平性の観点から下水道等の他の処理事業料金と同一にする場合や維持管理費を下回る使用料金とする例も多く，浄化槽管理基数が増えるほど自治体の補填分が増加し事業批判の種となる。

5.12 設置基数増加に対する取組み例

浄化槽PFI方式だけではないが，浄化槽事業は開始から数年程度経つと年間の新規設置基数が伸び悩んだり減少傾向となる事例が多い。浄化槽の設置希望意欲が強い住民は，事業開始の比較的早い段階に設置を申し込む傾向がある。この需要が減ると，住民に対するインセンティブの付加や民間事業者による広報，勧誘活動しだいによっては需要の掘り起こし効果を得られる場合がある。

住民に対するインセンティブ付加の例としては，高齢者世帯に対する使用料金の減免策の導入が，新規設置や既設浄化槽の寄付採納基数の増加に寄与したものがある。既設浄化槽の寄付採納とは，住民の私設浄化槽を自治体が無償で寄付を受け，それを市町村設置型浄化槽として位置付けてその後の維持管理を自治体が行なうものである。寄付採納を積極的に進める自治体では，自治体内の浄化槽を極力市町村設置型事業に取り込むことで汚水処理施設の適正管理の推進を図るものである。寄付採納時の条件等は，自治体やSPCにより異なるため本書では省略する。

民間事業者が行なう勧誘方法としては，これまでいわゆる飛び込み営業方式で，かつ，担当は設置業者が担う例が多い。これに対して近年の事例では，担当は保守点検業者が担い，かつ，飛び込み営業方式といよりは定期的な保守点

検のさいに事業のPRや浄化槽設置，とくに単独処理浄化槽からの転換勧誘を行ない，効率的かつ効果的な成果を得ているとの事例がある。

5.13　モニタリング

　PFI方式は事業運営の多くを民間に委ねることから自治体側の負担は大幅に軽減するが，公共事業の主体は自治体であり事業管理の責任は自治体にある。とはいえ，過度に民間事業者の活動等に関与したりすると，民活の効果を削ぐ場合がある。理想は"手放しでも民活が問題なく契約どおりに事業が進む"ことであるが，事業期間が10年間等と比較的長いこと，社会情勢等もつねに変化することから，事業主体として監理・監視が必要である。国のガイドラインにおいてもモニタリングに関するものも示されている。

　モニタリング方法や内容もいろいろあるが，多量な作業を行なうと自治体側の負担が多くなり民活の効果を減少させる場合もある。モニタリングは大別すると発注者側が行なうものと民間側が行なうものがある。前者を発注者モニタリング，後者を民間側セルフモニタリングなどとよぶ場合がある。PFI方式は民間の自主性も重要であり，かつ，その自身の管理能力も求められる。浄化槽PFIにおいても，民間側セルフモニタリングを主としたモニタリングの体制を整え，実施するとよい。たとえば，浄化槽設置工事後等にSPCが住民にアンケートを実施し，計画・設計，工事などの満足度や苦言を調査し，結果をSPC内の改善活動に使用するなどもセルフモニタリングの1つといえる。発注者側モニタリングの例では，アンケートやヒアリングでSPCや事業に対する住民の声を吸い上げる，SPCからの報告書等の内容を確認する，一定期間ごとに契約事項の実施の有無や内容をチェックして評価する，などがある。さらに，第三者モニタリングとして，コンサルタント等にモニタリング業務を委託する例もあり，筆者の経験では第三者の視点が加わることによる適度の緊張感や適正性の醸成効果があると考える。

5.14　PFI事業後の事業手法

　事業の検討・計画段階やPFI導入検討段階では，PFI事業終了はまだ先で現実味は薄いが，事業を開始すると10年間はあっという間に過ぎるような感があ

る。さきにも述べたように浄化槽事業は住民が浄化槽を使用している間は事業を適正に継続しなければならない。住民負担金や使用料の設定はさきに述べたとおりであるが，実施体制としてもPFI事業後は直営方式とするか，PFI以外の民活方式にするか，がある。直営方式への転換は自治体担当職員の確保等を考えると現実的ではない。PFI事業後も浄化槽整備基数がまだ相当程度ある場合，かつ，対応する民間事業者が見込める場合などは，第2期PFI事業として進める例もある。

これまでPFI事業を終了した事例のほとんどでは，以降の浄化槽整備基数がかなり少ないなどから，PFI方式以外の民活方式を採用している。第2期PFI事業に対応する民間事業者がいない場合も同様となる。

浄化槽整備基数が少なくなると，維持管理が主体の浄化槽事業となる。この場合の民活方式としては，維持管理の包括民間委託方式が挙げられる。設置と維持管理を合わせて行なうPFI方式の維持管理業務のみを委託するものとほぼ同様と捉えてよい。包括民間委託の場合，PFI方式のようにSPCの設立を求める要素が小さくなり，既存保守点検会社と契約する場合もある。また，維持管理基数の規模等により複数の保守点検会社が共同企業体や組合形式で受託する方法もある。

—参考文献—

1)　総務省：平成8年版　通信白書(http://www.soumu.go.jp/johotsusintokei/whitepaper/ja/h08/html/h08a02020302.html)(2006)(2018年8月15日最終閲覧).

2)　環境省：特性地域生活排水処理事業の実施について，平成14年4月30日環廃対第416号(環境省大臣官房廃棄物・リサイクル対策部長通知)(2002).

3)　環境省：循環型社会形成推進交付金交付要綱　別紙，平成17年4月11日環廃対発第050411001号(環境省環境事務次官通知)(2005).

4)　環境省大臣官房廃棄物・リサイクル対策部廃棄物対策課浄化槽推進室：市町村整備計画策定マニュアル＜官民連携による浄化槽の積極的な普及促進に向けて＞，平成26年2月(2014).

5)　民間資金等活用事業推進会議：VFM(Value For Money)に関するガイドライン(平成26年6月16日改定)(https://www8.cao.go.jp/pfi/hourei/guideline/pdf/vfm_guideline.pdf)(2014).

6)　民間資金等活用事業推進会議：モニタリングに関するガイドライン(平成25年6月7日改定)(https://www8.cao.go.jp/pfi/hourei/guideline/pdf/monitoring_guideline.pdf)(2013).

第6章

持続的な汚水処理システムのための
都道府県構想策定マニュアル

これまで述べてきたように，2014年1月に国土交通省・農林水産省・環境省の三省による「持続的な汚水処理システム構築に向けた都道府県構想策定マニュアル」(以下，マニュアルと表記する)が公表されたことは，近年の社会現象を踏まえた経済性，効率性を考慮し，残された未整備区域に一刻も早く，汚水処理施設を整備するためである。

　本稿では，マニュアルの内容を概説し，とくに汚水処理施設未整備区域における今後の整備計画を検討するうえで最も留意する必要のある事項について解説する。

6.1 マニュアルの概要

6.1.1　時間軸を考慮した整備手法の概念

　わが国の汚水処理施設整備は，市町村が，下水道，集落排水，浄化槽などそれぞれの汚水処理施設の有する特性，経済性などを総合的に勘案し，地域の実情に応じた効率的かつ適正な整備手法を選定したうえで，都道府県が主体となり，市町村と連携して都道府県構想に基づき，適切に事業を実施することになっている。そのため，マニュアルでは，都道府県構想の策定に当たって，経済比較を基本としつつ，今後10年程度を目標に，「地域のニーズ及び周辺環境への影響を踏まえ，各種汚水処理施設の整備が概ね完了すること」(概成)を目指し，都市計画や農業振興地域整備計画などとの整合を図りつつ，地域特性や地域住民の意向，人口減少等の社会情勢の変化を考慮し，効率的かつ適正な処理区域の設定および整備・運営管理手法の選定を行なうことが必要不可欠としている。この10年を目途とする時間軸を考慮することにより，未整備地域をできる限り早期に達成することが，マニュアルの最重要課題といえる。その概念は図6.1に示すとおりであり，ポイントはつぎの4点である。

①時間軸の観点を盛り込み，中期(10年程度)での早期整備とともに，長期(20〜30年)での持続的な汚水処理システム構築を目指す。

②中期的なスパンとしては，汚水処理施設の未整備区域について，汚水処理施設間の経済比較を基本としつつ，時間軸等の観点を盛り込み，10年程度を目途に汚水処理の概成を目指した，より弾力的な手法を検討する。

③長期的なスパンでは，新規整備のみならず既整備地区の改築，更新や運営

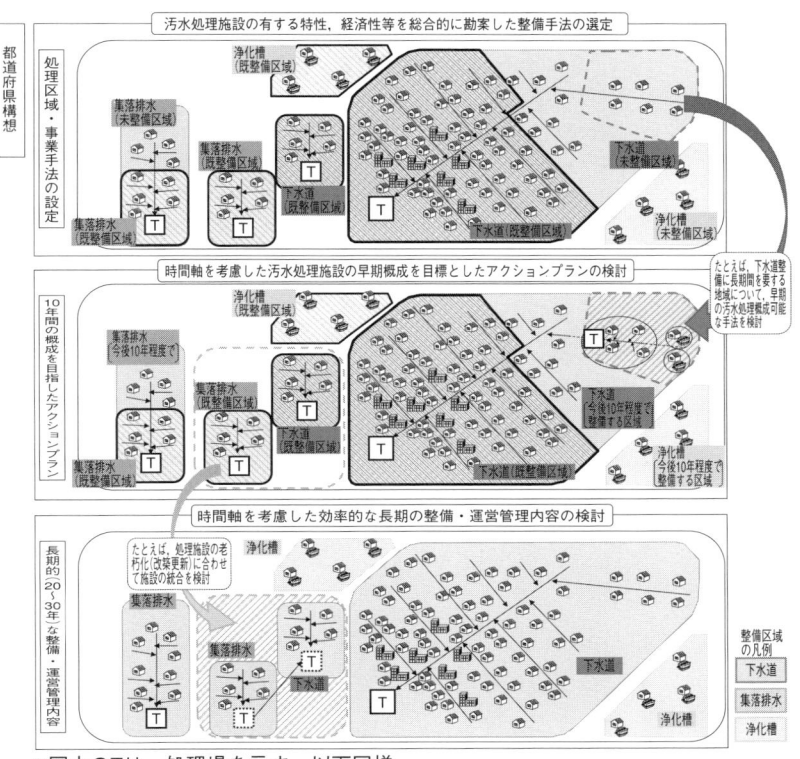

＊図中のTは，処理場を示す。以下同様

図6.1　時間軸を考慮した汚水処理施設整備・運営管理手法の概念

　　管理の観点を含める。

④整備，運営管理手法については，住民の意向等の地域のニーズを踏まえ，水環境の保全，施工性や用地確保の難易度，処理水の再利用，汚泥の利活用の可能性，災害に対する脆弱性など地域特性も総合的に勘案したうえで，各地域における優先順位を十分検討したうえで選定する。

　図6.1において重要な点は，図中の中・下段に示す集合処理区域周辺の未整備区域の取り込み，集合処理による既整備区域間の統合および集合処理未整備区域の個別処理への転換である。

　集合処理区域間の統合とは，処理施設や管路施設の老朽化による更新時にお

いて，今後の人口減少や維持管理費，流入汚水量の減少などを考慮し，統合によって経済性および効率性が上昇すると判断されたさいに実施する手法である。この手法は，更新時期を迎える特定環境保全公共下水道事業や農業集落排水事業の区域が主として対象となると考えられる。また，とくに注目すべきことは，集合処理未整備区域を個別処理に転換する手法である。既集合処理整備区域の管路を未整備区域まで延長し，既集合処理区域に取り込むよりも，人口減少や整備期間，整備費用などを考慮すると，個別処理に転換するほうが妥当と判断された場合の手法である。

6.1.2　マニュアルの構成骨子

マニュアルは，第 1 章〜第 8 章で構成され，①策定方針の決定・基礎調査，②検討単位区域の設定，③処理区域の設定，④整備・運営管理手法の選定，⑤整備・運営管理手法を定めた整備計画の策定，⑥汚泥処理の基本方針・計画，⑦都道府県構想策定時の住民関与と進捗状況などの「見える化」の各項目に関する調査，検討作業，を行なうことにより，都道府県構想を策定する方法が提示されている。各章とも重要事項は枠で囲み，その下段に【解説】が述べられているため，どこから閲覧してもわかりやすい体裁となっている。

マニュアルの各章と都道府県構想策定フローとの関係を図6.2に示す。図6.2によると，検討を行なう都道府県と市町村の役割，住民との係わりが明確となっており，さらに，事例集や資料編によって，先行事例や各地域の課題などが紹介されている。

6.2　マニュアル適用のポイント

6.2.1　検討単位区域の設定

都道府県構想の見直しを行なううえで，まず，現在における汚水処理施設の整備状況，関連計画，人口および家屋数の将来予測，水環境の現況，土地利用の見通し，地理的および地形的特性などの基礎調査を行なう。その次に行なう作業が，検討対象となる区域の設定である。すなわち，集合処理と個別処理の比較を行なうための検討単位区域を設定する。この検討単位区域とは，集合処理あるいは個別処理で整備するかを検討する家屋集合体を指す。

そこで，検討単位区域を「既整備区域等」と「既整備区域等以外の区域」に

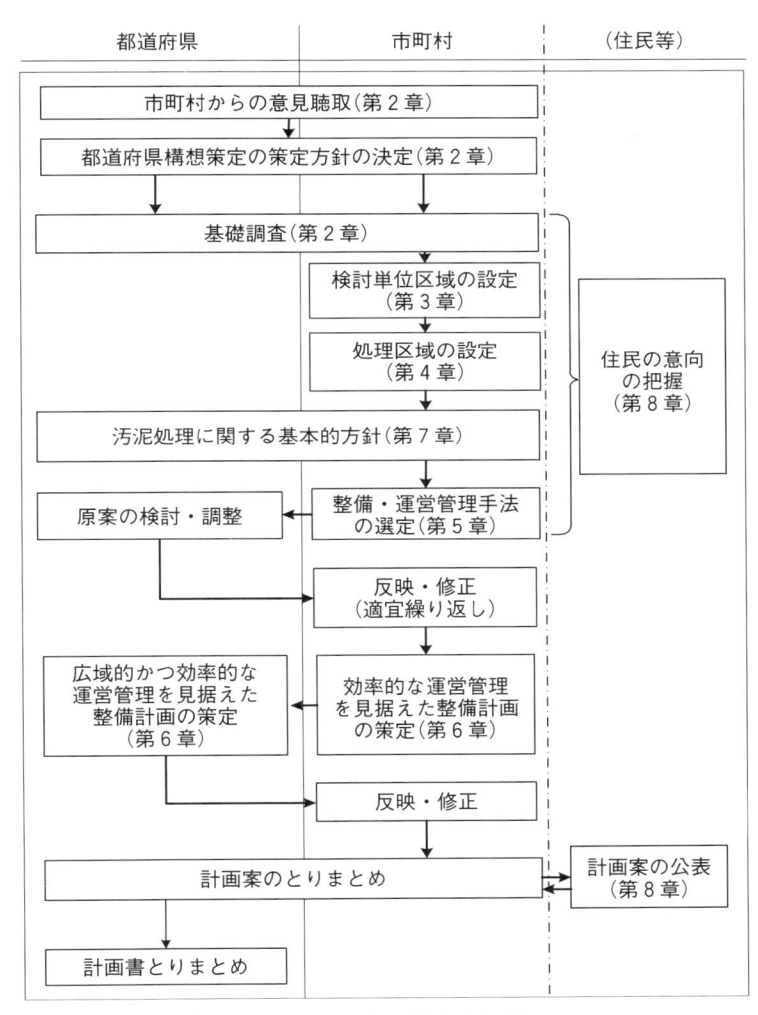

図6.2　マニュアルの構成と策定フロー

　分けて行なう。両者とも類似した表現でわかりにくいため，そのイメージを図6.3に示す。

　既整備区域等は，下水道，農業集落排水事業や浄化槽で整備されている区域およびその周辺区域であり，その区域の家屋間限界距離を算定し，経済性を踏

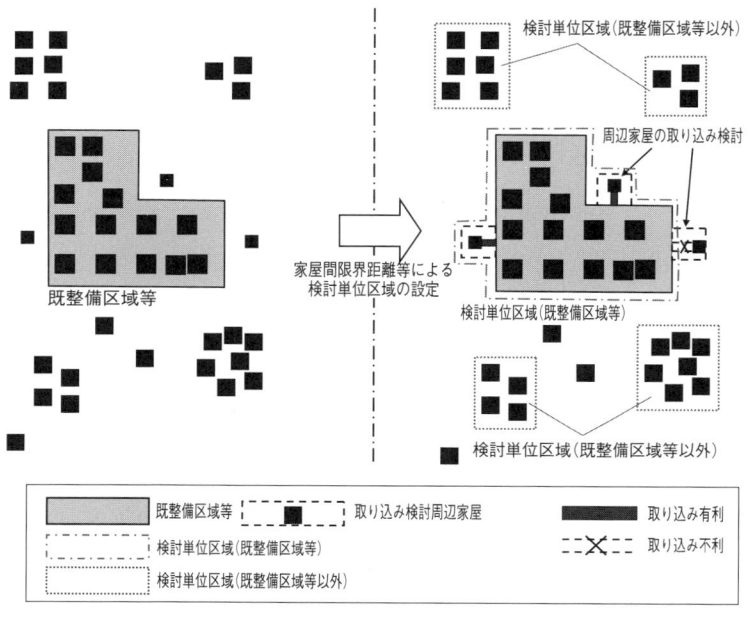

図6.3　検討単位区域の設定イメージ

まえて，その周辺に位置する未整備家屋の取り込みの検討を行なう。また，既整備区域等が流域下水道で整備されている場合も同様に検討する。なお，ここでいう家屋間限界距離とは，周辺家屋を既整備区域等の接続した場合の処理場の建設費および維持管理費と周辺家屋までの接続管路の建設費および維持管理費を合計したものを左辺とし，既整備区域等のみの処理場の建設費および維持管理費と周辺家屋に浄化槽を設置した場合の設置費および維持管理費を合計したものを右辺とし，それぞれ両者を耐用年数で除した値がイコールになる場合の家屋間距離のことである。

　この検討には，区域内の処理場および管路施設の建設費および維持管理費，浄化槽の設置費および維持管理費を算定する必要があるが，その算定に必要な集合処理の費用関数および個別処理の基本諸元，各施設の耐用年数は，マニュアルに示されているので，参照するとよい。この費用関数および数値は，2014年の改訂後のものであるが，すべての地域に当てはまるとは限らないため，で

きる限り実績値を用いることが望ましい。検討対象となる区域は，整備事業が未整備あるいは未着工であって，現在まで処理計画が立案されていない区域とは考えられないため，これまでの既整備区域における実績値を有しているはずであり，その値を適用することが，より実態を反映した検討結果になる[2]。なお，マニュアルに掲載されている「経済比較における参考資料」では，浄化槽躯体の耐用年数が50年（従前は30年[3]）まで延長されている点は，注目に値する。

つぎに，既整備区域等以外の区域では，集合処理あるいは個別処理のいずれが妥当かを検討する。このさいにも費用関数や基本諸元を用いることになるが，前述同様，実績値を用いることが望ましい。

6.2.2　処理区域の設定

検討単位区域の検討結果を踏まえ，汚水処理事業の種類および汚水処理施設の系統から処理区域を設定する。「処理区域」とは，汚水処理事業の種類および処理施設の系統から設定する集合体であり，大きく集合処理区域または個別処理区域に区分される。

まず，将来フレーム想定年次における各検討単位区域の将来人口等の基礎調査を基に設定し，既存の汚水処理施設の実態等を把握する。次に，集合処理と個別処理の経済的な比較を行なうとともに，次に示す検討単位区域の接続についても検討する。そのイメージを図6.4に示す。

①検討単位区域ごとの集合処理と個別処理の検討

②集合処理が有利とされた区域に個別処理が有利とされた区域を接続する場合の検討

③集合処理が有利とされた区域同士を接続する場合の検討

なお，集合処理が有利とされた検討単位区域であっても，上記②や③の接続を検討するさいには，区域内の人口減少等の動向を考慮して，これを細分化し，個別処理区域へ転換するなどの検討も行なう。上記の検討は，経済性を基に処理手法の検討を行なうことを基本とするが，整備時期，水質保全効果，地域特性，汚水処理施設の特性，住民の意向などを総合的に考慮し，最終的に集合処理区域，個別処理区域を設定する。また，処理区域の設定は，地理的，地形的な特性等も十分に考慮し，必要に応じて行政界に関係なく検討を行なうものとする。

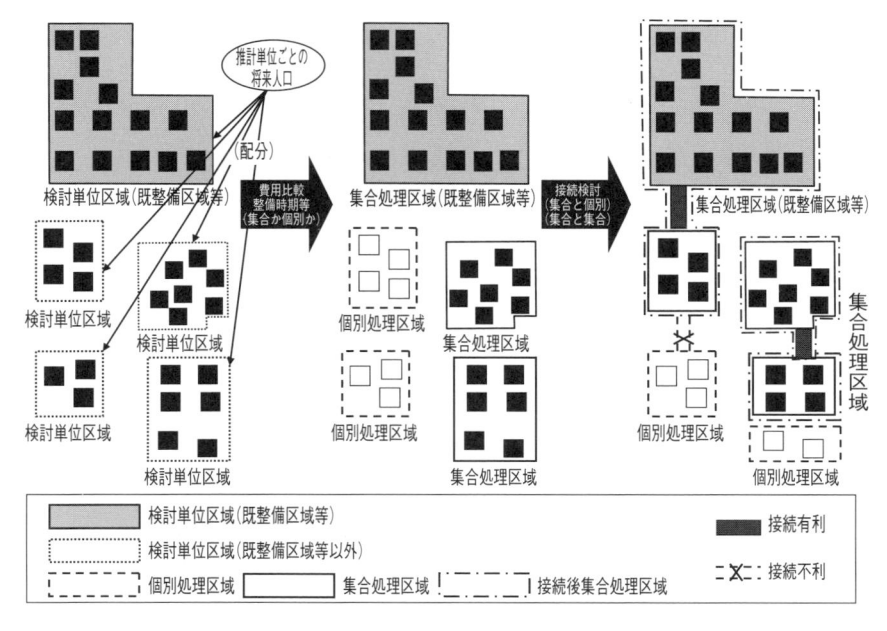

図6.4　処理区域の設定イメージ

（1）　将来人口

　地域別将来推計人口[4]によると，2010～2040年までの30年間において，すべての都道府県で人口が減少し，一部の県では現人口の70%まで減少すると予測されている。

　今回のマニュアルでは，時間軸を考慮した見直しを行なうため，将来人口予測すなわち人口減を十分に認識したうえでの作業が求められている。たとえば，筆者ら[2]はS県M町の公共下水道整備区域内で，管路工事未着工の区域について，地域別将来推計人口[4]をもとに人口予測をしたところ，現在の人口570人，223世帯が30年後には352人，144世帯まで減少することから，この区域を個別処理に転換することの経済的妥当性を評価した。

　このように，小規模な区域においても長期にわたる経済比較を行なうことにより，整備方針を変更することが妥当な結果になり得ることがある。

（2）　経済性を基にした集合処理・個別処理の比較

既整備区域等以外の検討単位区域を対象として，集合処理あるいは個別処理が有利になるか否かの検討を行なう。比較に用いるデータおよび計算手法は，第1章の1.5に述べたとおりであり，繰り返しになるが，できるだけ実績値を用いることが望ましい。

（3）　集合処理区域（既整備区域等を含む）と個別処理区域との接続

ここでは，集合処理が有利と判定された区域に，個別処理が有利と判定された区域を接続する場合の検討を行なう。この検討では，図6.5に示すように，集合処理区域Aと個別処理区域Bについて，集合処理区域Aは集合処理，個別処理区域Bは浄化槽による整備としたほうが経済的か，集合処理区域Aと個別処理区域Bを管渠で接続し，1つの集合処理区域として処理を行なうほうが経済的かを検討する。仮に，集合処理区域Aに個別処理区域Bを接続することが有利となった場合には，新たに形成された集合処理区域（集合処理区域A＋個別処理区域B）と別の個別処理区域Cについて，順次同様の手法を用いて接続検討を行なう。

つぎに，個別処理が有利と判定された区域を，既整備区域等に接続する場合

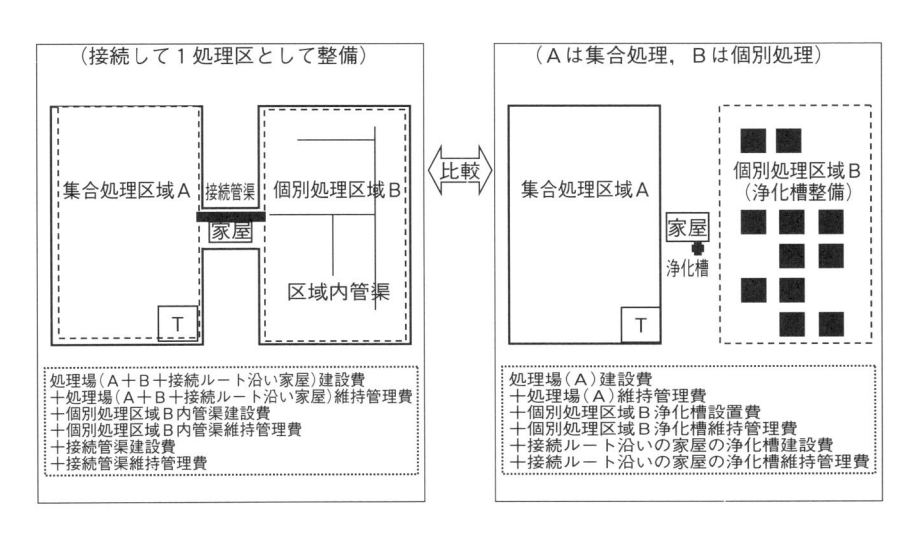

図6.5　集合処理区域と個別処理区域との接続

の検討を行なう。この検討では，図6.6に示すように，既整備区域等Aと個別処理区域Bについて，既整備区域等Aは集合処理，個別処理区域Bは浄化槽による整備としたほうが経済的か，既整備区域等Aと個別処理区域Bを管渠で接続し，1つの集合処理区域として処理を行なうほうが経済的かについて検討する。仮に，既整備区域等Aに個別処理区域Bを接続することが有利となった場合には，新たに形成された集合処理区域（既整備区域等A＋個別処理区域B）と別の個別処理区域Cについて，順次同様の手法を用いて接続検討を行なう。

　なお，マニュアルには記載されていないが，ここでの検討において，既整備区域における集合処理施設が更新を迎える時期に至っている場合は，更新後の費用も試算に加える必要があると考える。この手法でも，細井ら[5]は，計画人口15,000人の公共下水道整備地区におけるケーススタディを実施した結果，長寿命化を行なわずに，最上流部地区を浄化槽に転換する政策が，処理場の更新以前よりも住民1人当たりの負担費が最小になると判定している。この事例では，30年後の人口予測を考慮していることが大きく影響しており，類似地区の検討を行なうさいの参考事例となる。

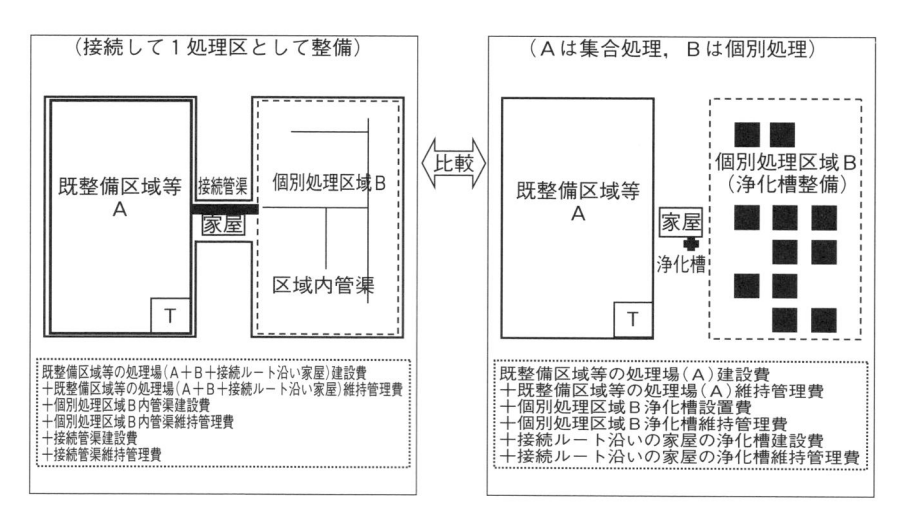

図6.6　既整備区域等と個別処理区域との接続

（4）　集合処理区域（整備区域等を含む）間の接続

　集合処理が有利と判定された区域同士の接続の検討を行なう。この検討では，図6.7に示す集合処理区域Aと集合処理区域Bについて，それぞれ単独の処理区として処理を行なうほうが経済的か，集合処理区域Aと集合処理区域Bを管渠で接続し，1つの処理区として処理を行なうほうが経済的かについて検討する。この検討は，主として集合処理区域の処理場が更新時期を迎えるさいにも実施するケースとなる。仮に，集合処理区域Aに他の集合処理区域Bを接続することが有利となった場合には，新たに形成された集合処理区域（集合処理区域A＋他の集合処理区域B）と別の集合処理区域について，順次同様の手法を用いて接続検討を行なう。

　次に，既整備区域等に，他の集合処理区域を接続する場合の検討を行なう。この検討では，図6.8に示す既整備区域等Aと集合処理区域Bについて，それぞれ単独の処理区として処理を行なうほうが経済的か，既整備区域等Aと集合処理区域Bを管渠で接続し，1つの処理区として処理を行なうほうが経済的かについて検討する。

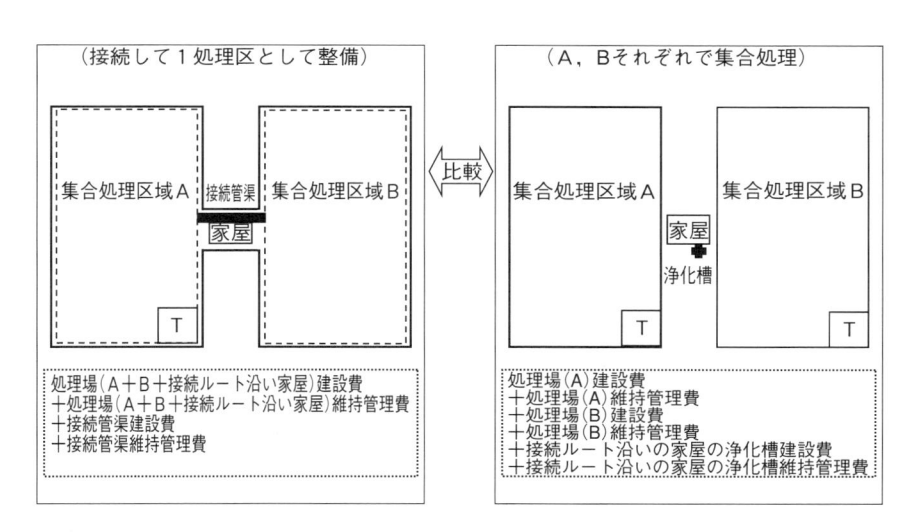

図6.7　集合処理区域間の接続

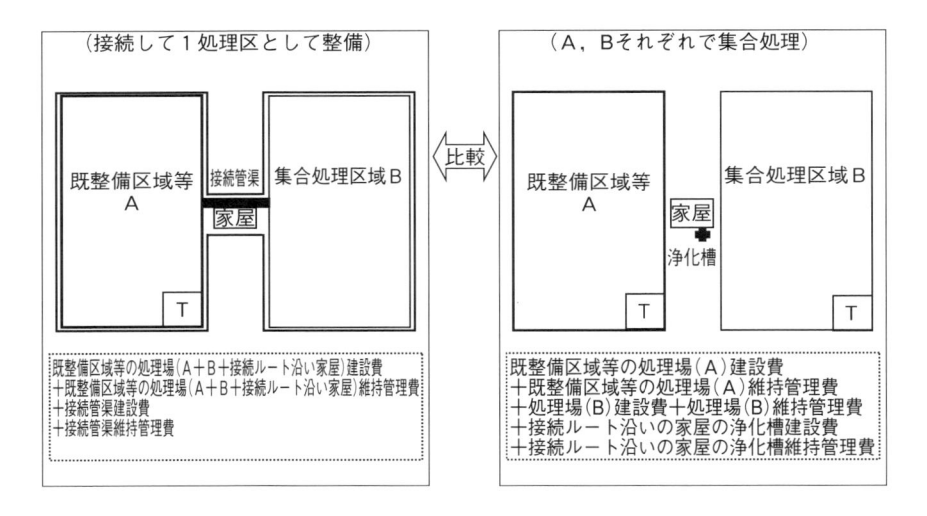

図6.8　既整備区域等と集合処理区域との接続

（5）　その他

最後に，補足しておく事項として，マニュアルには，「なお，集合処理が有利とされた検討単位区域であっても，集合処理区域と個別処理区域の接続，集合処理区域間の接続を検討する際には，区域内の人口減少等の動向を考慮して，これを細分化する等により個別処理区域へ見直す等の検討を行うこととする。」と記されている点である。すなわち，集合処理区域として計画されているが，管路の布設が未着工の区域が残存し，整備計画を継続するか否かの検討である。この場合，未整備区域の管路施設の建設費および完了済み区域と合わせた処理場および管路施設の維持管理費の合計と，管路の布設未着工の区域を個別処理に転換したさいの浄化槽設置費および整備済区域全体と浄化槽の維持管理費の合計を比較し，有利なほうを選択することが求められている。

筆者ら[2]は，S県M町の公共下水道未整備区域について，これらの検討を行なった場合，現状では個別処理に転換しても若干の減額であったが，30年後の人口予測や起債償還等自治体の負担分を考慮することによって，個別処理のほうが著しく有利となる結果が得られている。いずれの経済的評価においても，単なる建設費および維持管理費の比較でなく，人口減少を考慮した使用料収入

や起債償還，一般会計操出金など自治体の経年的負担も予測し，検討する必要がある。

　今回公表されたマニュアルにより，個別処理すなわち浄化槽事業が妥当と判断されたさいには，従来型の個人設置型あるいは市町村設置型，さらには**第5章**で述べたPFI事業として採択するか否かについて検討することになるが，その手法については，「市町村浄化槽整備計画策定マニュアル」[6]を参照するとよい。

　今後，個別処理がますます期待されているところであるが，みなし（単独処理）浄化槽の継続使用，すなわち（合併処理）浄化槽への転換拒否や浄化槽に対する信頼不足などの課題があり，これらの点も早期に解消されることを期待する。

―参考文献―

1)　国土交通省，農林水産省，環境省：平成24年度末の汚水処理人口普及状況について，三省記者発表，平成25年9月27日（2013）.

2)　小川　浩，古村ゆう子：人口減少・高齢化社会に向けた生活排水処理施設の整備手法，第16回日本水環境学会シンポジウム講演集，180〜181（2013）.

3)　小川　浩，大森英昭：FRP製浄化槽の耐久性に関する考察，浄化槽研究，13(1)13〜22（2001）.

4)　国立社会保障・人口問題研究所：日本の地域別将来推計人口，平成25年3月，p.8〜15（2013）.

5)　細井由彦，増田貴則，赤尾聡史，灘　英樹，高田大資：人口減少が進む小規模事業体における下水道の長寿命化及び更新政策，土木学会論文集，68(7)Ⅲ_681〜Ⅲ_690（2012）.

6)　環境省：市町村浄化槽整備計画策定マニュアル（http://www.env.go.jp/recycle/jokaso/data/pdf/preparation_plan_manual.pdf）（2014）.

第7章

生活排水処理施設整備計画の
見直し事例：経済性評価の実施

7.1 人口減少を踏まえた生活排水処理施設評価システム

7.1.1 公共下水道の建設費と維持管理費

　従来，公共下水道および農業集落排水施設の基本計画時には，処理施設と管路施設の建設費と維持管理費に関する費用関数（国土交通省，農林水産省，環境省三省合同通知，平成12年10月11日衛環第82号，一部改正平成20年9月12日環廃第552号）を適用し，事業費の概算を算定することが行なわれてきた。2008年度現在において，下水道関連事業が実施されている4,956事業のうち，処理施設に関する費用関数が適用可能な計画処理人口50,000人以下で，かつ下水道普及率80%以上の54事業を抽出し，費用関数による計算値と実績値を比較した。管路については，公共下水道を実施している事業から無作為に抽出した552事業の建設費および維持管理費の総額から1m当たりの単価を算出した。なお，実績値については，総務省から公開されている2010年度の地方公営企業年鑑から該当項目の費用を抽出・再計算した。

7.1.2 生活排水処理施設整備計画策定に寄与する財政比較ソフトの構築

（1）　生活排水処理施設整備計画に関する基本諸元

公共下水道に関する建設費と維持管理費の費用関数は，次のとおりである。

①建設費　処理施設　　$C_T = 620 \times Q^{0.637}$（万円）　　(1)

$\qquad\qquad\qquad C_T$：処理施設建設費（万円）

$\qquad\qquad\qquad Q$：日最大汚水量（m^3/d）（$Q < 300 m^3/d$）

$\qquad$管路　　　　$C_P = 6.5 \times L$（万円）$\cdots\cdots\cdots\cdots\cdots\cdots\cdots\cdots\cdots$ (2)

$\qquad\qquad\qquad C_P$：管路建設費（万円）

$\qquad\qquad\qquad L$：管路延長距離（m）

②維持管理費　処理施設　　$M_{ST} = 10.7 \times Q_1^{0.782}$（万円/year）　　(3)

$\qquad\qquad\qquad M_{ST}$：処理施設維持管理費（万円/year）

$\qquad\qquad\qquad Q_1$：日平均汚水量（m^3/d）

$\qquad$管路　　　　$M_P = 57 \times L \times 10^{-4}$（万円/year）$\cdots\cdots\cdots\cdots$ (4)

$\qquad\qquad\qquad M_P$：管路維持管理費（万円/year）

$\qquad\qquad\qquad L$：管路延長距離（m）

　なお，処理施設の土木建築物と機械設備の比は１：１とし，耐用年数は土木建築物を50〜70年，機械設備を15〜35年に設定するとともに，管路については標準値として50年を設定した。また，日最大汚水量Qが300m³/d以上の規模となる施設の費用関数は，**表7.1**に示すとおりである。

　一方，浄化槽における基本諸元は５人槽の場合，建設費は83.7万円/基，維持管理費は6.5万円/基・年とし，建設費のうち浄化槽本体と設備工事，付属機械設備の比を55：40：５とした。また，耐用年数は浄化槽本体を30年，機械設備を15年に設定した。

　以上の設定を基として，筆者はソフトを構築した。本ソフトによる集合処理施設に関する試算では，従来の費用関数に基づく方法をベースにしているが，地域条件によっては実態と大幅なずれを生じることから，実績単価の入力も可能とし，個別処理施設すなわち浄化槽については，建設費および維持管理費のいずれも評価対象地域の実績値で試算できる手法を導入した。

（2）　人口および世帯数の減少モデル

　これまでの生活排水処理施設計画は，人口増を前提として立案されてきたが，少子高齢化社会に向けた取組みでは，地域によって著しく人口減少を伴うことが予測されている。とくに評価対象地域における集合処理と個別処理の選択においては，将来の人口推移も使用料収入の減少などの事業費に影響を及ぼすことから，対象地区の人口と世帯数の将来予測を考慮する必要がある。そのため，構築したシステムに，国立社会保障・人口問題研究所[1]が公表している当該地区の市町村別将来人口推計値と都道府県別将来世帯数推計値を入力することにより，年度ごとの人口，世帯数からそれぞれの減少率を算出し，その値から評価対象地区の年度毎将来人口と世帯数を予測する（図7.1）。

　次いで，その結果を適用し，最大70年間における５年ごとの公共下水道と浄

表7.1　日最大汚水量300m³/d以上の処理施設における費用関数

規模（m³/d）	建設費（万円）	維持管理費（万円）
$300 \leq Q < 1,200$	$23.090 \times Q + 14,598$	$2,110.7 \times (Q_1/1,000)^{0.4692}$
$1,200 \leq Q < 10,000$	$32.775 \times Q + 85,431$	$3,083.9 \times (Q_1/1,000)^{0.6172}$
$10,000 \leq Q$	$93,218 \times (Q/1,000)^{0.7229}$	$1,982.4 \times (Q_1/1,000)^{0.8102}$

　Q：日最大汚水量（m³/d），Q₁：日平均汚水量（m³/d）

化槽の事業費を算定する方式とした。整備終了後の事業費は，更新費と維持管理費からなるが，公共下水道の維持管理費は，処理施設が整備完了していることから，人口減少に伴う汚水量の減少によって処理施設の維持管理費も減額される場合と，汚水量の減少に係わらず維持管理費は一定とする場合のいずれかを選択することとした。一方，浄化槽は人口と世帯数の減少に伴って，不要あるいは休止となる浄化槽が出現するため，その維持管理費はゼロとして算出するように設定した。

（3）　ソフトのフロー

本ソフトは，Microsoft Excel 2003のマクロ機能に費用関数を組み込み，集合処理および個別処理を実施した場合の年度ごとの事業費を算出するシステムとした。財政計画を策定する対象地区の諸条件を，図7.2に示すPC画面上の表示に従って順序どおりに入力することにより，集合処理（公共下水道）と個別処理（浄化槽）によってそれぞれ整備した場合の費用を比較し，対象地区における経済的有利な整備手法が判定できる。

そのフローを図7.3に示す。

図7.3の基本諸元は，公共下水道および浄化槽の建設費，維持管理費を算出

2．共通条件（推定人口・世帯数）

	年度	予測人口（人）	予測世帯数（世帯）	市町村人口推計（人）	都道府県世帯数推計（世帯）
基準年	2010	21,730	7,472	91,733	1,051,931
	2015	21,046	7,564	88,846	1,064,900
	2020	20,245	7,561	85,462	1,064,493
	2025	19,345	7,493	81,665	1,054,873
	2030	18,365	7,353	77,529	1,035,227
	2035	17,360	7,214	73,287	1,015,581
	2040	16,335	7,074	68,960	995,935
	2045	15,310	6,935	64,633	976,289
	2050	14,285	6,795	60,306	956,643
	2055	13,260	6,656	55,979	936,997
	2060	12,235	6,516	51,652	917,351
	2065	11,210	6,377	47,325	897,705
	2070	10,186	6,237	42,998	878,059

基準年度・人口・世帯数変更

都道府県名
22静岡県　　検索①

市町村名
22100静岡市　　決定②

計算③

図7.1　対象地区における将来人口と世帯数の推移

初期画面

最初にMicrosoft Excel2003を起動し、このシステムを立ち上げる。

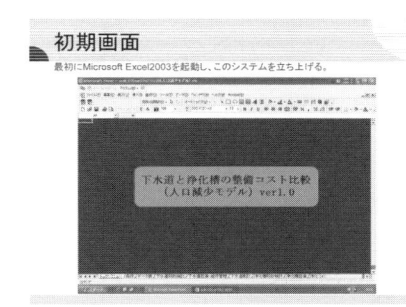

共通条件の入力

対象地区の将来人口予測

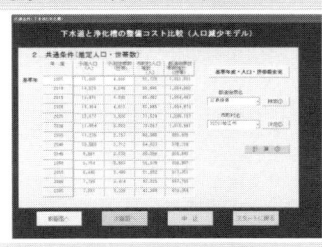

下水道に関する諸条件の入力

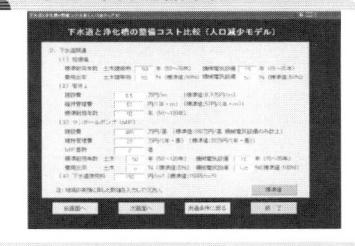

浄化槽に関する諸条件の入力

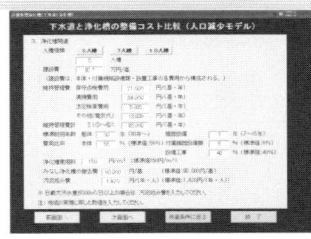

年度別の事業実施率

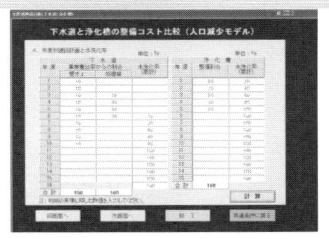

判定結果

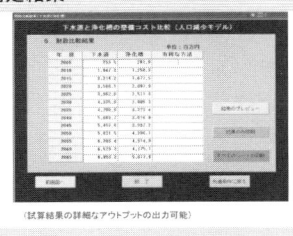

（試算結果の詳細なアウトプットの出力可能）

図7.2　本システムの入力画面

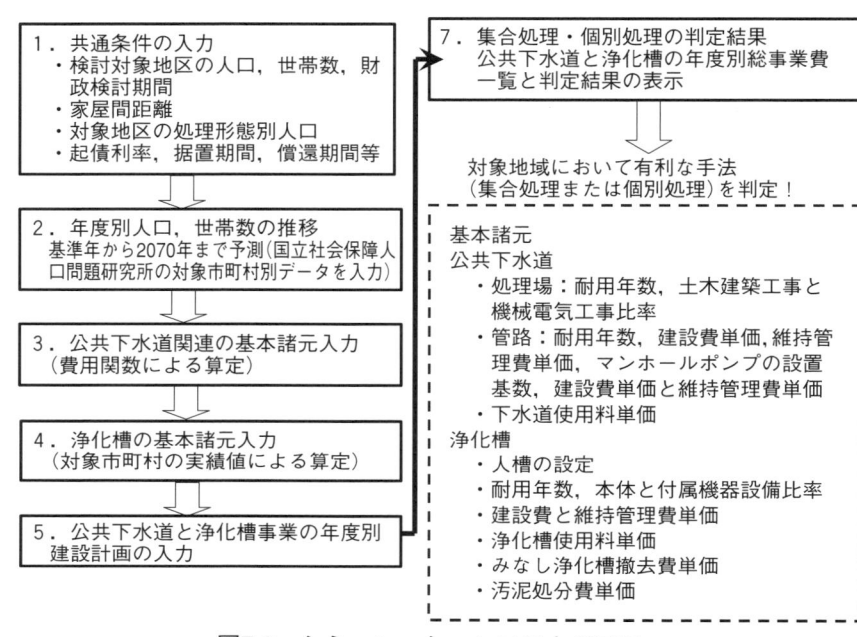

図7.3　シミュレーションソフトのフロー

するための条件設定であるが，費用関数や標準値では実態にそぐわないおそれ
もあるため，地方自治体が実績値を把握している場合には，その数値を入力す
ることを可能とした。また，集合処理については，処理施設の規模に応じた維
持管理費を毎年一定とする場合と，人口減少に伴う汚水量の減少によって維持
管理費を削減する場合の2通りの条件を選択できることとした。

　最終判定は，公共下水道と浄化槽による整備を行なった場合の年度ごとにお
ける総事業費（当該年度までの建設費および維持管理費の合計）をそれぞれ表示
し，経済的有利な整備手法の判定結果を表示することとした（図7.2の判定結果
参照）。なお，判定結果の表示画面において，「すべてのシートの印刷」を選択
すると，入力した基本諸元をもとに算定した年度別処理場，管路の建設費と維
持管理費，次いで，年度別浄化槽の建設費と維持管理費，年度別起債元利償還
額，使用料金および交付税措置の年度別収支，財政検討期間における総事業費
の内訳が一括出力できる仕組みとした。

7.1.3　費用関数による事業費算定値と実績値との関係

わが国の生活排水処理は，地域の特性に応じて下水道および農業集落排水施設等といった集合処理や浄化槽による個別処理によって実施されている。そのさい，処理計画の策定や既存計画の見直しを行なううえで浄化槽による整備事業では，処理施設の建設費と維持管理費の実績値をもとに算出する。一方，処理施設の他に管路施設が付加される集合処理では，費用関数を用いた建設費および維持管理費を算出し，個別処理との比較を行なってきた。しかし，費用関数による事業費では，諸条件によって実態と乖離することが予測されるが，その報告例は少なく，必ずしも十分検討されてきているとは限らない。また，今後の行財政状況や施設の劣化・更新および改築を踏まえ，地域に見合った集合処理と個別処理との棲み分けを検討するうえでも，実態の把握はきわめて重要な課題である。

そこで，公共下水道による集合処理について，処理施設における費用関数による建設費および維持管理費とその実績値を比較検討した。

（1）　処理施設

公共下水道の処理施設に関する建設費を算出する費用関数は，日最大汚水量の原単位を$300l$/人・dと設定されている。図7.4は，7.1.1に示した下水道普及率80％以上の54事業における処理施設の建設費の費用関数による計算値と実績値を示したものである。この図より，95％以上の施設で計算値よりも実績値が高く，施設の規模が大きいほど，その傾向は顕著であることが明らかとなった。

現在の処理能力からみた費用関数による維持管理費と実績値の関係は，図7.5に示すようにばらつきがあり，一定の関係が認められなかった。すなわち，維持管理の実績は費用関数に当てはまらないことが示された。その要因は，施設の規模や採択する処理方式，供用率および流入汚水量，人件費などが施設ごとに著しく異なっていることが影響していると考えられる。

（2）　管路施設

事業の人口規模別に管路1m当たりの建設費を比較すると，**表7.2**で明らかなように，加重平均では処理人口が2,000人以下で78,447円/m，5,000人以下で129,953円/m，10,000以下で128,305円/m，30,000人以下で137,438円/m，50,000人以下では143,007円/mとなり，人口規模の増大に伴い，管路建設費の単価が

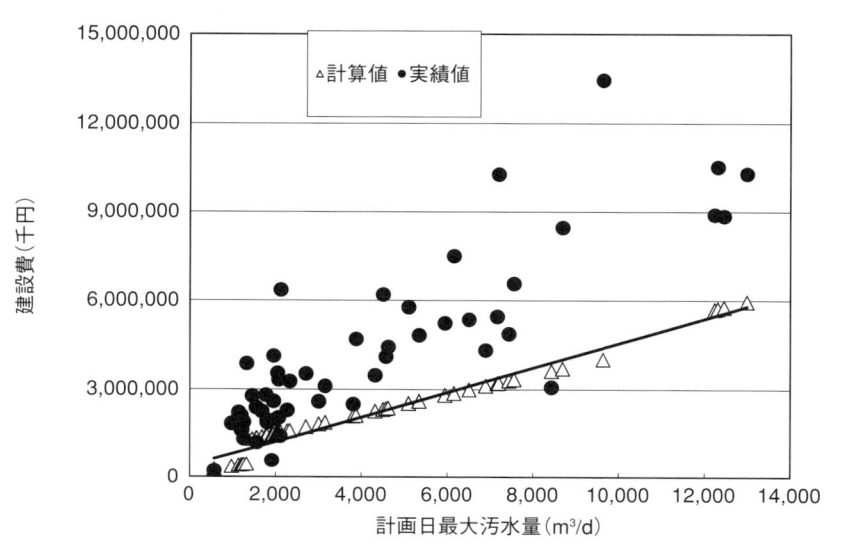

図7.4　公共下水道事業における処理施設の建設費

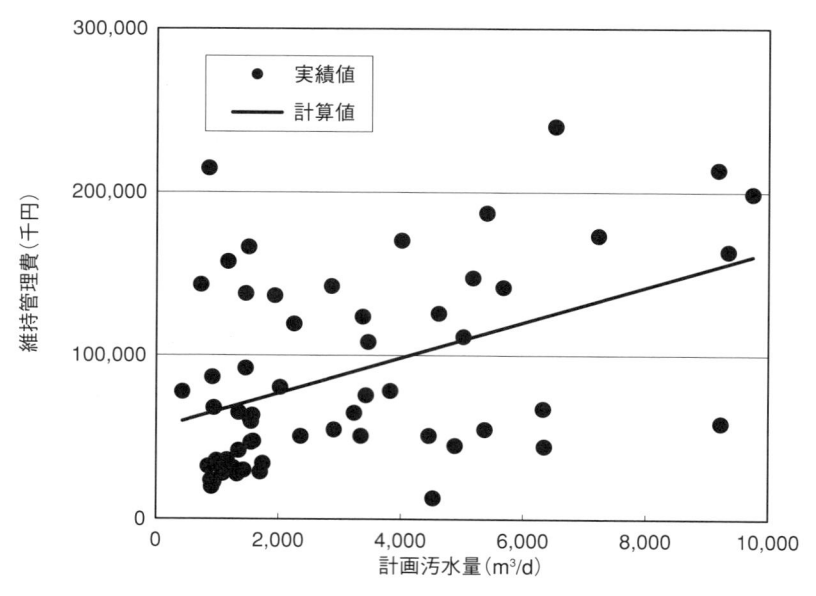

図7.5　処理施設の維持管理費に関する計算値と実績値の比較

表7.2　人口規模別管路の建設費

処理人口(n)	2,000≦n	2,000<n ≦5,000	5,000<n ≦10,000	10,000<n ≦30,000	30,000<n ≦50,000
データ数	3	64	153	261	71
平均値(円/m)	78,411	163,545	133,642	154,787	158,520
加重平均値(円/m)	78,447	129,953	128,305	137,438	143,007

上昇する傾向が認められた。その要因は，人口規模の増大すなわち管路総延長距離に伴う管路の口径，掘削深，勾配などの影響と考えられる。

維持管理費については，管路内清掃費用，漏水および浸入水の調査費用ならびに補修費用，さらには中継ポンプ場の清掃費や電力費などが加算されているなど，内訳が事業ごとに異なっていることから，著しいばらつきが認められた。そこで，管路の使用経過年数ごとに維持管理費を集計し直し，解析した。なお，使用経過年数は，それぞれの施設ごとに供用開始年度を起点とし，その後の経過した年数を用いた。

その結果，図7.6に示すように10年を経過すると，管路の維持管理費は約1.5倍に増加し，費用関数に提示されている57円/mよりも高額であることが認められた。とくに先に提示した管路の標準的耐用年数である50年に近づくと，維持管理費が著しく増加することが明らかになった。

管路の老朽化問題はわが国ばかりでなく，先進国においても深刻な課題であり，松宮[2]も欧米先進国の下水管の老朽化に伴う道路陥没や汚水溢水などの予防保全的管理や改築投資を怠った結果であると指摘している。わが国でも類似した事故は多発しており，更新時期を迎える多くの下水道事業の逼迫した課題であるといえる。

7.1.4　ソフトを適用したモデル地区の検証：静岡市

対象とするモデル地区は，静岡市清水区内の東海道の宿場町である旧蒲原町および旧由比町である。静岡市は2003年4月に旧静岡市と旧清水市が合併し，2005年4月に政令指定都市に移行後，2006年3月に庵原郡蒲原町が，2008年11月に庵原郡由比町がそれぞれ編入し，現在の静岡市となっている。編入した旧蒲原町と旧由比町は，図7.7に示すように清水区の東端に位置し，主として海岸沿いに住宅や建築物が散在しているが，北側は山林地帯となっている。

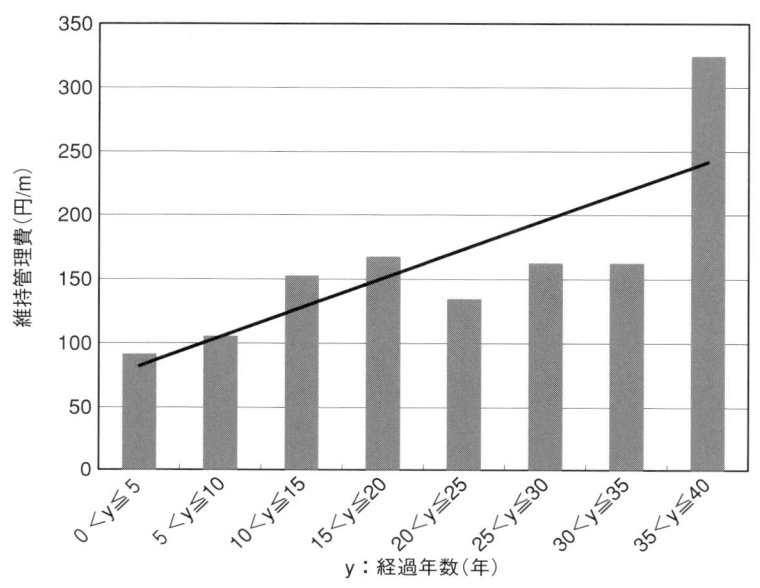

図7.6　経過年数別管路施設の維持管理費

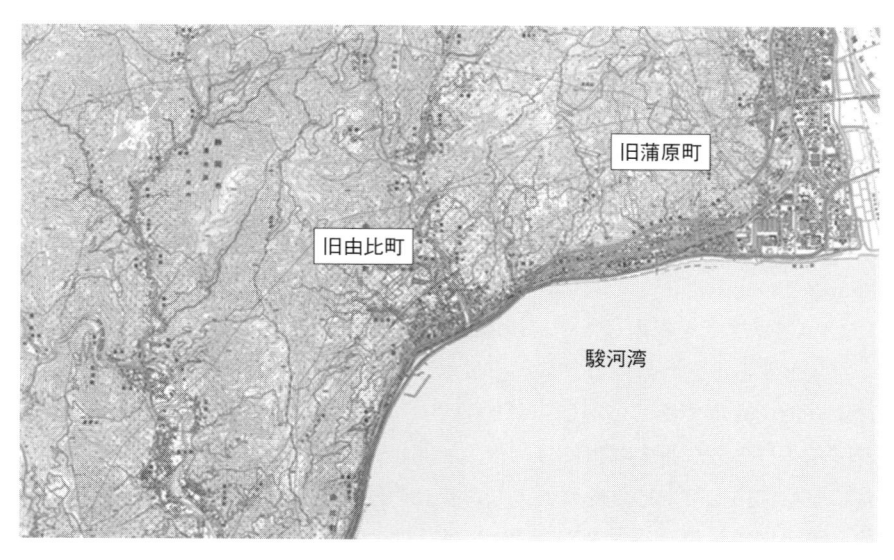

図7.7　静岡市清水区のモデル地区の概況

　本モデル地区は，静岡市に編入する以前から公共下水道による整備計画がなく，2010年度末現在においても集合処理あるいは個別処理による整備方針が確定していない状況である（なお，現在は個別処理の浄化槽整備区域となっている）。

　モデル地区における生活排水処理形態別人口は，**表7.3**で明らかなように浄化槽人口が5,218人，単独処理（みなし）浄化槽人口が14,556人，汲み取り便所（一部，自家処理を含む）人口が1,956人の総人口21,730人である。水洗便所汚水と生活雑排水を処理する浄化槽人口は地区内全体の24％であるが，地区内をすべて公共下水道で整備するか，あるいは現状を踏まえて浄化槽による整備を継続するかを早急に決定する必要性の高い地区といえる。

　一方，静岡市全体では2019年の生活排水処理率を85％とする目標を立てているが[3]，主として市街地を中心に公共下水道による整備を前提としている。なお，モデル地区の人口減少については静岡市の人口減少率から予測した。その結果は先に示した**図7.1**のとおりであり，今後50年間において21,730人（7,472世帯）から12,235人（6,516世帯）に減少し，人口減少率は43.7％と予測された。

　シミュレーション結果を**表7.4**に示す。

　対象地区を公共下水道または浄化槽で整備すると仮定した場合の建設費は，公共下水道において17,117.0百万円（処理施設および下水管路施設の合計）に対して，浄化槽では市町村設置型あるいは個人設置型のいずれも5,581.7百万円となった。管路の敷設が不要な浄化槽の建設費は，公共下水道の33％程度になっている。また，維持管理費では起債償還費を含む費用が22,426.5百万円となり，浄化槽でも市町村設置型は公共下水道と同様に起債償還を伴うため，維持管理費込みの負担が21,766.6百万円となり，公共下水道よりも３％程度の減額であった。

表7.3　モデル地区の処理形態別人口

区分	処理人口（人）	世帯数
浄化槽（合併処理浄化槽）	5,218	1,753
みなし浄化槽（単独処理浄化槽）	14,556	4,891
汲み取り便所	1,956	828
計	21,730	7,472

表7.4　シミュレーション結果　　　　　　　　　　　　　　　（単位：百万円）

		下水道	浄化槽		算出方法
			市町村設置型	個人設置型	
1．建設費の収支					
建設費	計	17,117.0	5,581.7	5,581.7	
	①国費	5,708.5	1,860.4	744.1	
	②起債	10,552.6	3,163.2	※1 1,488.7	
	③住民（分担金）	855.9	558.2	3,349.1	
	小計	A 17,117.0	5,581.7	5,581.7	
2．起債償還金および維持管理費収支					
維持管理費における供用開始から起債償還終了時間での期間の収支					
【事業開始からは下水道 35年間（2044年），浄化槽 35年間（2044年）とする。】					
起債償還金 および 維持管理費	④起債償還金	14,518.0	4,754.8	−	年率2.00％
	⑤維持管理費	7,908.5	17,011.8	17,011.8	−
	小計	22,426.5	21,766.6	17,011.8	−
負担区分	⑥交付税措置	6,533.2	2,377.4	−	※2
	⑦市町村費（公費）	10,329.8	11,703.4	−	④＋⑤− ⑥−⑧
	⑧住民（使用料等）	5,563.5	7,685.8	17,011.8	※3
	小計	B 22,426.5	21,766.6	17,011.8	
建設費，起債償還金および維持管理費における起債償還終了時までの合計		39,543.5	27,348.4	22,593.6	A＋B

※1：市町村負担費，　※2：下水道＝④×0.45，浄化槽（市町村設置型）＝④×0.5
※3：財政検討期間の使用料収入

　このように，浄化槽の建設費が公共下水道の建設費に比べて安価になっても起債償還を伴う市町村設置型では，実態すなわち汚水処理原価に見合った使用料の設定を行なわないと，地方自治体の負担が軽減されないことになる。ただし，住民の個人負担については，個人設置型よりも明らかに軽減される。

　一方，個人設置型で整備した場合には，起債償還が不要なため総事業費でみても22,593.6百万円と最も低額であった。

　個人設置型は，建設時に地方自治体の負担（補助金）を伴うが，維持管理費はすべて住民負担であるため地方自治体の負担が最も少なくなる。また，住民の負担が少ない市町村設置型では，地方自治体が公共下水道を実施した場合と同様に起債償還を伴うことになり，財政状況の厳しい地方自治体では，市町村設置型の採択が困難となる可能性がある。なお，2070年度までの将来人口を踏まえた年度ごとの整備費用は，いずれの年度においても浄化槽が有利と判定され

た。表7.4は，前述したソフト上でアウトプットが可能に設定されている。

7.2　生活排水処理施設整備計画の経済性評価と見直し

本項では，兵庫県洲本市の公共下水道未整備地区を研究対象モデルとし，持続的な汚水処理に向けた集合処理および個別処理の経済性評価を行なった[4]。

7.2.1　モデル地区・兵庫県洲本市の概要

本研究を進めるに当たり，兵庫県内の生活排水処理施設整備状況を踏まえ，下水道事業や浄化槽事業などが混在し，公共下水道事業の一部未整備区域を有する兵庫県洲本市を検討対象地域とした。

洲本市は，淡路島の中部西から南東に貫き，淡路市，南あわじ市と接する市であり，2016年2月11日に洲本市（人口38,926人）と津名郡五色町（人口11,100人）との合併が行なわれた。瀬戸内海の東域に浮かぶ淡路島の中央部に位置し，大阪湾，紀淡海峡，紀伊水道，播磨灘に面しており，神戸・大阪まで約60〜70kmの距離にある。市域の中心部を洲本川が大阪湾に流れ込み，下流域には城下町を基盤とする中心市街地が形成されている（図7.8）。

洲本川の右岸側は住宅や店舗などが多く立地し，すでに公共下水道による整備が行なわれ，供用開始となっている。一方，左岸側は公共下水道計画区域であるが，未だ管渠の布設が未実施であることから，左岸地区をモデル地区に選定した。

7.2.2　調査方法

下記に示す事項について，現状および将来予測を考慮し，モデル地区内における集合処理および個別処理による事業費を試算した。

①現在の汚水処理形態別人口と将来人口予測

②公共下水道，特別環境保全公共下水道（特環公共下水道）および浄化槽整備状況

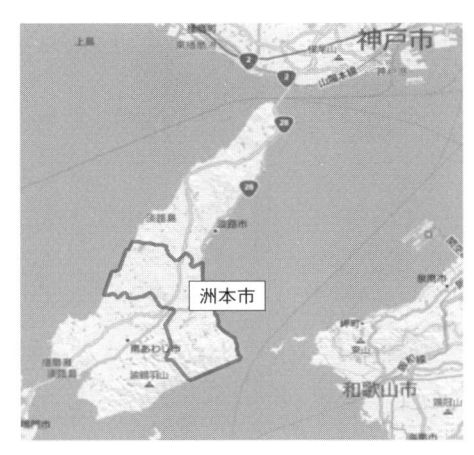

図7.8　洲本市の概要

③既存生活排水処理計画

④公共下水道未整備地区の人口，世帯数の将来予測

⑤公共下水道未整備地区内における住宅以外の建築物の状況

⑥その他関連事項

　つぎに，モデル地区における集合処理および個別処理との経済比較を行なう
さいの条件として，以下のとおりとした。

1)　集合処理すなわち公共下水道で整備する場合，汚水は既存の終末処理場
　に接続するための管渠を布設することとし，建設費は対象区域内の管渠布
　設およびポンプ場1個所を建設する費用とした。なお，終末処理場の処理
　能力には十分余裕があることから，対象区域内からの汚水量増加分に対応
　する建設費は不要とした。維持管理費はモデル地区内の管渠およびマンホ
　ールポンプに係わる費用とし，さらに地区内で発生する汚水量相当分の処
　理場維持管理費を計上した。また，GISを活用した集合処理施設管路距離
　試算システム[5]を用いてモデル地区内の管渠布設距離を試算したところ，
　図7.9に示す56,940mとなり，この距離を布設するに必要な総管渠延長距離
　とした。

2)　個別処理で整備する場合は，5人槽の浄化槽とした。建設費は，既設浄

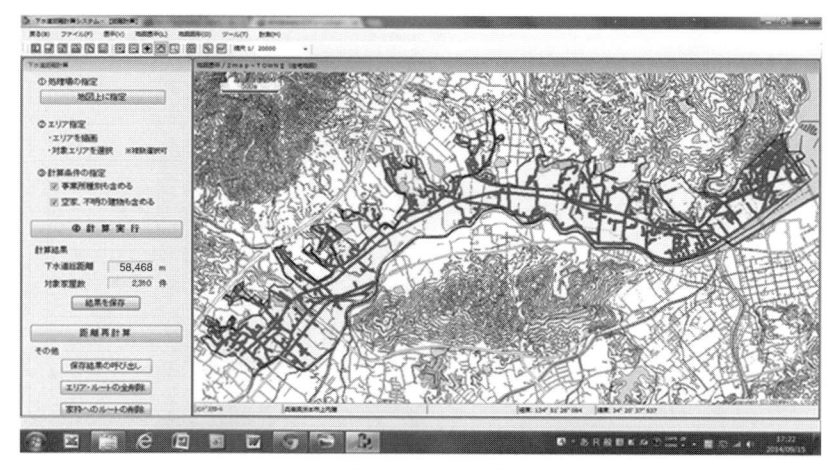

図7.9　モデル地区内の管渠布設距離予想値

化槽分を除く設置基数とし，維持管理費は既設分も含めて計上した。

3)　今後の人口減少についても考慮することとした。

7.2.3　モデル地区における現在までの整備状況

(1)　汚水処理形態別人口

平成25年度末(2014年3月)現在の洲本市の人口は46,732人であり，世帯数は18,477件である。汚水処理人口普及率は64.3%となっているが，その内訳は**表7.5**に示すとおりであり，公共下水道が24.7%，特環公共下水道が1.6%，浄化槽が38.0%となっている。未整備人口は16,732人であり，この住民のうち，990世帯に単独処理浄化槽が設置されていた。

公共下水道の経営状況[6]では，汚水処理原価が527円/m^3，使用料が157円/m^3

表7.5　洲本市汚水処理形態別人口

内　訳	人口(人)	普及率(%)
公共下水道	11,529	24.7
特環公共下水道	700	1.6
浄化槽	17,767	38.0
未整備	16,736	35.7
計	46,732	100.0

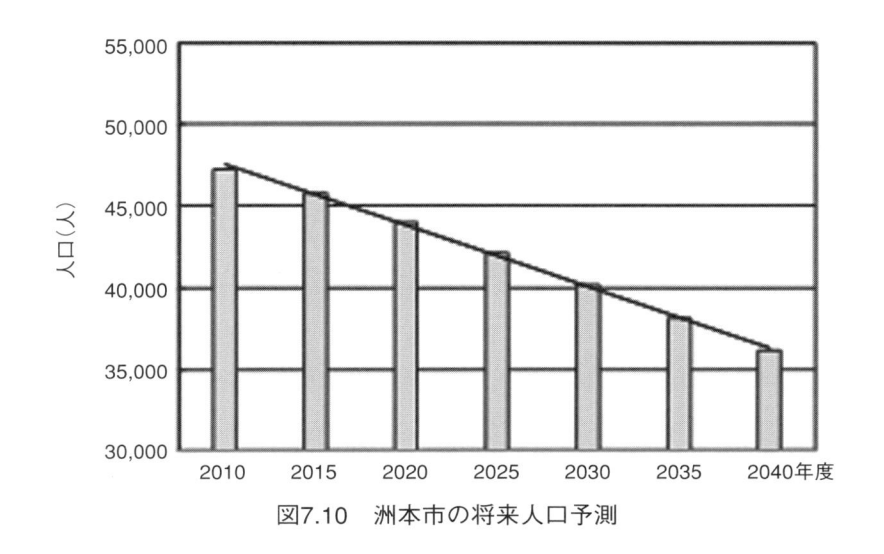

図7.10　洲本市の将来人口予測

であり，回収率としては29.8％の状況である。また，一般会計操出金は714百万円となり，公営企業総操出金の30％相当であり，人口１人当たり1.5万円となっていた。

(2) 洲本市の将来人口予測

国立社会保障・人口問題研究所のデータ[7]によると，洲本市における将来人口予測は，図7.10で明らかなように一定の割合で減少し，2040年には2010年の23％減になると予測されている。このことは，既整備済み地区のうち，公共下水道地区では流入汚水量が減少し，さらに使用料収入も減少することが予測される。また，図7.11に示すように，人口が2003年度の52,700人から2014年度には46,600人に減少しているが，世帯数はおおむね20,000件で推移してきた。このことは，世帯当たりの居住人員の減少により公共下水道に接続しても汚水量の減少をきたす，あるいは空き家となっている可能性があり，公共下水道未整備地区における管渠布設工事の計画に著しい支障をきたすおそれがある。

(3) 空き家率

総務省の2016年の住宅・土地統計調査結果によると，兵庫県内の空き家率は13.3％となっているが，淡路地域では22.5％であり，県内平均よりも高い結果となっている。

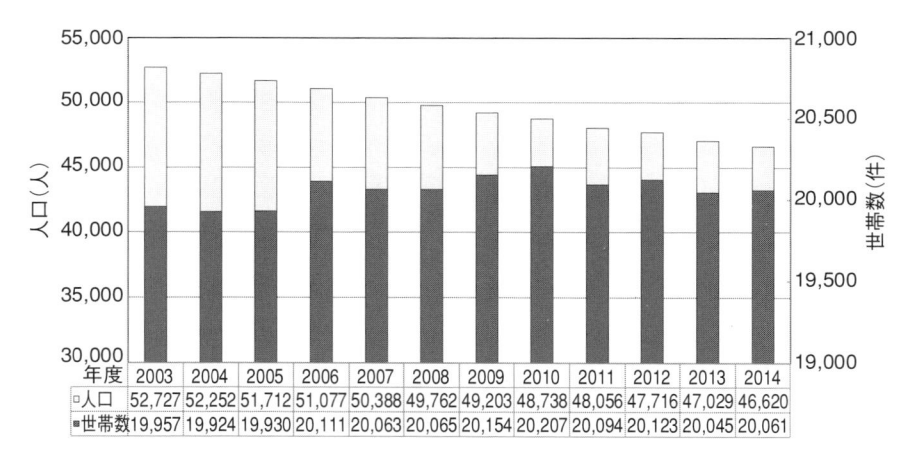

図7.11　人口および世帯数の推移（文献[8]より作成）

　米山[9]は，空き家のうち，とくに居住者がなんらかの理由によって長期間不在になっているものであり，こうした空き家は，外部不経済の問題を発生させる可能性が高いと指摘している。

　公共下水道の管渠を布設しても汚水の排出はなく，布設の必要性はないが，居住住宅や店舗などと混在している場合には，布設を止めることは難しくなり，生活排水処理施設整備を進めるうえで，十分考慮する必要がある。

（4）　公共下水道事業の進捗状況

　現在，総人口46,732人のうち，24.7％に相当する11,529人が公共下水道によって整備され，計画人口25,700人に対しては44.9％の実施率となっている。終末処理場（名称；洲本環境センターすいせん苑）は，計画処理能力が23,000m³/dであり，供用開始後約21年を経過し，現在の晴天時処理能力は4,700m³/dとなっている。日平均流入水量は2,350m³/dであり，計画処理能力の10.2％である。整備計画は図7.12に示す洲本川の左岸側と右岸側であり，現在の整備済み区域は洲本川右岸の地区である。

　そこで，本研究対象モデル地区を洲本川の左岸側に位置する公共下水道未整備地区の塩屋二丁目，塩屋三丁目，宇山一丁目から三丁目，宇山，炬口一丁目から二丁目，下加茂一丁目から二丁目，下加茂，上加茂とした。この地区では，表7.6に示すように，人口6,886人，世帯数3,030件の住宅地区となっている。なお，

図7.12　洲本市公共下水道計画図と整備済み区域

表7.6　モデル地区の人口，世帯数　　　　　　　　（2014年 3 月30日現在）

行政区	世帯数	人口
潮（塩屋二丁目）	159	351
潮（塩屋三丁目）	52	106
潮（宇山一丁目）	179	371
潮（宇山二丁目）	79	168
潮（宇山三丁目）	307	620
潮（宇山）	38	98
潮（炬口一丁目）	163	306
潮（炬口二丁目）	216	421
潮（下加茂一丁目）	209	442
潮（下加茂二丁目）	115	303
潮（下加茂）	79	169
加茂（上加茂）	214	505
加茂（下内膳）	553	1,348
加茂（上内膳）	268	728
納（納）	399	950
合計	3,030	6,886

図7.13　管渠延長距離と浄化槽設置状況（潮（炬口二丁目付近））

図7.9の作成に用いたシステムと浄化槽台帳とをリンクさせ，対象モデル地区内の浄化槽整備状況を示したところ，図7.13のとおりとなり，この地区内にみなし浄化槽が990基，浄化槽が652基設置されていた。

表7.7　公共下水道における建設費および維持管理の実績[6]

項　目		費用（千円）	内　訳
総事業費（建設費）		29,556,791	
	管渠	16,929,819	71km
	ポンプ場	5,649,200	3 個所
	処理場	6,967,996	1 個所
維持管理費		161,344	
	管渠	20,148	71km
	ポンプ場	29,953	3 個所
	処理場	111,243	1 個所

（5）　公共下水道未整備区域の集合処理および個別処理における事業費予測

　モデル地区の経済評価に関する基本諸元を決定するため，整備済み地区（洲本川右岸）の管渠布設，ポンプ場および処理場の事業費を検討した。

　従来，公共下水道に係わる建設費や維持管理費は，費用関数[9]を用いて試算することとされているが，筆者らの検討[7][10]において，費用関数による試算では必ずしも実態に合わない可能性もあることから，実績値を明らかにし，その結果を事業費の試算に適用することとした。

　その実績結果は，表7.7に示すように，管渠工事は，すでに総延長距離が71kmに達し，16,929,819千円であり，単価に換算すると，23.8万円/mであった。また，ポンプ場は 3 個所整備され，5,649,200千円で，1 個所に付き188,306.7千円であった。また，維持管理費は，管渠が20,148千円/年，ポンプ場が29,953千円/年，処理場が111,243千円/年であった。

　浄化槽（ 5 人槽）については，環境省が提示する経済比較を行なうための基準額[10]において，建設費が83.7万円/基，維持管理費が6.5万円/基・年とされているが，地元の実績値を調査した結果[11]，建設費が40.9万円/基，保守点検，清掃，11条検査および電力費を含む維持管理費が5.4万円/基・年であった。ここで，浄化槽の建設費において，環境省が提示する基準額よりかなり安価であったが，洲本市との協議のうえ，このまま用いることとした。

　以上のことより，集合処理および個別処理の経済評価を行なうための基本諸元は，表7.8に示すとおりとした。この基本諸元に基づき，公共下水道と浄化

表7.8 経済評価をするための基本諸元

建設費	公共下水道	浄化槽	環境省補助基準額
管渠	23.8万円/m	—	
マンホールポンプ	880.0万円/個所	—	83.7万円/基
処理場	—	40.9万円/基	
維持管理費			
管渠	283.8円/m·年	—	
マンホールポンプ	20.0万円/個所·年	—	6.5万円/基·年
処理場	129.4円/m³·年	5.4万円/基·年	

注）表7.7のポンプ場の費用は，雨水吐き用ポンプのため，ここではマンホールポンプの仕様とした

表7.9 集合処理および個別処理による事業費の内訳

内　訳	公共下水道	個別処理（浄化槽）	備　考
建設費（万円）			
処理施設	–	97,260	（既設浄化槽652基分除く）
管路	1,355,172	–	
マンホールポンプ	1,760	–	2個所
小計	1,356,932	97,260	
維持管理費（万円/年）			
管路	1,616	–	
マンホールポンプ	40	–	2個所
処理施設	6,505	16,362	注記を参照
小計	8,161	16,362	
30年間における総事業費（万円）	1,601,750	588,120	

注）公共下水道：未整備地区担当分の汚水処理，個別処理：既設浄化槽分も含む

表7.10 30年間における公共下水道と浄化槽による事業費

年度	経過年数	公共下水道				
		建設費			維持管理費	
		管渠	マンホールポンプ	小計	管渠	マンホールポンプ
2014	0	0.0	0.0	0.0	0.0	0.0
2019	5	677,586.0	1,760.0	679,346.0	40,039.0	0.0
2024	10	677,586.0	0.0	677,586.0	8,079.8	200.0
2029	15	0.0	0.0	0.0	8,079.8	200.0
2034	20	0.0	0.0	0.0	8,079.8	200.0
2039	25	0.0	0.0	0.0	8,079.8	200.0
2044	30	0.0	0.0	0.0	8,079.8	200.0
30年間の合計						

※起債償還費は含まず

槽による事業費の試算を行なった。

　まず，人口や世帯数を現状のままと仮定し，集合処理すなわち公共下水道計画を継続した場合と浄化槽による個別処理を実施した場合を比較した。その結果を表7.9に示した。

　建設費では公共下水道で135.7億円，浄化槽では9.7億円となり，浄化槽が公共下水道による建設費の7.1％となり，きわめて低額の費用となった。一方，維持管理費では公共下水道が8.2千万円／年，浄化槽が1.6億円／年となり，維持管理費にスケールメリットのない浄化槽が高額となったが，30年間における総事業費では，公共下水道が160.2億円，浄化槽が58.8億円となり，管渠の布設を伴わない浄化槽のほうが公共下水道の37％程度の事業費で賄えることになった。

　つぎに，人口減少を考慮し，5年ごとの事業費を比較すると，表7.10に示したように総額ではさきに述べたとおり，浄化槽のほうが低額となるが，15年目から公共下水道の総事業費が低額となった。

　その要因は，ここでは起債償還費を考慮していないことと，公共下水道については人口減少に伴う汚水量の減少による維持管理費が下がり，浄化槽では人口の減少が生じても世帯数がほとんど減少しないと予測されていることから，浄化槽による維持管理費の削減が図れないためである。この現象は，モデル地区以外の地域でも予測され，空き家であれば整備対象から削除することが可能であるが，現行ではその判断がきわめて困難であり，事業費に反映させること

（単位：万円）

公共下水道			浄化槽		
維持管理費		総事業費	建設費	維持管理費	総事業費
処理場	小計				
0.0	0.0	0.0	0.0	0.0	0.0
15,746.8	19,786.7	699,132.7	40,900.0	44,604.0	85,504.0
30,298.7	38,5785	716,164.5	56,360.2	81,810.0	138,110.2
29,952.6	37,232.4	37,232.4	0.0	81,810.0	81,810.0
27,488.4	35,768.2	35,768.2	0.0	80,514.0	80,514.0
25,981.8	34,261.6	34,261.6	0.0	78,975.0	78,975.0
24,451.5	32,731.3	32,731.3	0.0	77,4630	77,4630
		1,555,290.7			542,436.2

の妨げとなっている。この点については，今後の整備計画における取扱方法を検討する必要があり，独居世帯や高齢者夫婦世帯の増加に対応するため，使用条件に見合った維持管理費の設定や対象区域内の一括管理の導入などについても配慮することが求められる。さらに，人口および世帯数の将来予測と起債償還金も考慮した試算を行なった。ここでは，維持管理費が発生する供用開始から起債償還終了時までの建設費，維持管理費，起債償還金，交付税措置分を含む総事業費を比較した。また，浄化槽については，従来から実施されてきた個

表7.11　人口減少を考慮した公共下水道と浄化槽による事業費（単位：百万円）

			下水道	浄化槽		算出方法
				市町村設置型	個人設置型	
1. 建設費の収支						
建設費		計	13,569.3	972.6	972.6	
	①国費		6,142.7	324.2	129.6	
	②起債		6,751.5	551.2	※1　259.4	
	③住民（分担金）		675.1	97.2	583.6	
	小計		13,569.3	972.6	972.6	
2. 起債償還金および維持管理費収支						
維持管理費における供用開始から起債償還終了時間での期間の収支　【事業開始からは下水道40年間（2053年），浄化槽35年間（2048年）とする】						
起債償還金および維持管理費	④起債償還金		10,579.4	757.6	−	年率2.00％
	⑤維持管理費		1,138.1	5,229.5	5,229.5	−
	小計		11,717.5	5,987.1	5,229.5	
負担区分	⑥交付税措置		4,760.8	378.8	−	※2
	⑦市町村費（公費）		5,604.8	4,165.1	−	④＋⑤−⑥−⑧
	⑧住民（使用料等）		1,351.9	1,443.2	5,229.5	※3
	小計		11,717.5	5,987.1	5,229.5	
建設費，起債償還金および維持管理費における起債償還終了時までの合計			18,535.3	6,408.5	6,202.1	①＋③＋④＋⑤

※1　市町村費
※2　交付税措置：下水道④×0.45，浄化槽（市町村設置型）④×0.50
※3　住民（使用料等）　下水道：財政検討期間の使用料収入の総額
　　　　　　　　　　　浄化槽（市町村設置型）：財政検討期間の使用料収入の総額なお，維持
　　　　　　　　　　　管理費には補修費を含む
　（参考）みなし浄化槽撤去基数：990基，みなし浄化槽撤去総費用：89,100千円

人設置型と市町村設置型を適用した場合の事業費についても試算した。その結果を表7.11に示した。起債償還金を考慮すると，起債償還終了時までの合計で公共下水道が185億円，浄化槽では市町村設置型が64億円，個人設置型が62億円となり，建設費や起債所管金および維持管理費の合計のいずれにおいても浄化槽が経済的に有利と判断された。また，浄化槽でも起債償還を伴う市町村設置型が，個人設置型よりも2億円程度高額となった。

　これまで，浄化槽事業の試算において，下水道事業費には汚泥処分に係わる経費まで包含されているのに対して，浄化槽で発生した汚泥の処分先であるし尿処理施設の事業費を考慮していないとの指摘があるため，ここでは，浄化槽汚泥の投入先であるし尿処理施設（汚泥再生処理センター）の資本費および維持管理費と一般会計から公共下水道事業会計への繰入金も考慮して比較を行なった。すなわち，公共下水道については，処理施設の建設費および維持管理費に汚泥処理に係わる建設費や維持管理費がすでに包含されているため，汚泥処理資本費と維持管理費はゼロとし，浄化槽については，し尿処理施設の建設費および維持管理費も考慮することから汚泥処理資本費と維持管理費として計上した。この経費は兵庫県の実績値[12]から試算し12,669円/m^{3}とし，1基当たりの汚泥発生量を1.5m^3/基・年とした。また使用料は，公共下水道では195円/m^3，浄化槽は表7.8に示した維持管理費5.4万円/基・年から1m^{3}の単価を使用料とし

表7.12　公共下水道および浄化槽の汚水および汚泥処理に係わる事業費

（単位：千円/人・年）

項目	公共下水道	浄化槽
繰入金	36.3	0
使用料	14.1	23.5
汚泥処理資本費＋維持管理費（a）	0※	8.3
汚水処理施設資本費＋維持管理費（b）	41.2	23.5
使用料－処理原価（a＋b）	－27.1	－8.3

※公共下水道の汚泥処理に係わる経費は，処理施設の経費に含まれる。
算出条件
　汚水量＝200l/人・d×30日/1カ月×12月/1年＝72m^3/人・年
　　し尿処理事業費＝12,669円/m^3
　　　（浄化槽の汚泥処理資本費＋維持管理費は，し尿処理施設の運営費[12]より算定）
　世帯当たりの居住人員＝2.3人

て算出し，比較した。その結果を表7.12に示した。

　使用料では，公共下水道が低額であるが，繰入金＋使用料として比較すると，公共下水道＞浄化槽となり，汚泥処理施設および汚水処理施設に係わる資本費＋維持管理費でも公共下水道＞浄化槽となった。公共下水道の汚水処理施設に係わる資本費が高いため，浄化槽汚泥に係わる処理費を加算し，使用料と処理原価との差でみても浄化槽のほうが低額となる。すなわち，汚泥処理に係わる事業費を加算しても，本モデル地区では浄化槽整備が経済的に有利と判断できる。

　以上のことから，モデル地区の人口減少を考慮した整備手法として，浄化槽による個別処理が妥当と判断された。なお，既設のみなし浄化槽（単独処理浄化槽）については，990基の撤去費用として8,900万円が別途必要になる。

7.3 今後の課題

　急速に人口が減少，高齢化が進む地域では，行政サービスの維持も困難になってくる。公共下水道または浄化槽のいずれかでなく，省庁の縦割りを排除し，多様な観点で見直しを図る必要がある。生活排水処理施設整備においても同様であり，地域の特性に応じて集合処理あるいは個別処理の選択や組み合わせなど，住民にとって不公平のない事業とすることが求められる。そのうち，個別処理事業を進めるに当たり，以下の課題が挙げられる。

①人口が減少しても世帯数の減少が見込めない現象を有する地区における生活排水処理施設整備計画への反映方法
②個別処理地区と判断された地区における浄化槽の設置面積の確保が困難な建築物への対応
③市町村設置型を導入する場合の民間活用事業の適用

―参考文献―

1)　国立社会保障・人口問題研究所：将来推計人口データベース（http://www.ipss.go.jp/）（2008）.
2)　松宮洋介：欧米先進国の管路老朽化問題，管路更生，12，17〜25（2009）.
3)　静岡市：静岡市一般廃棄物処理基本計画〜環境共生都市しずおかの実現〜（2010）.
4)　小川　浩，山田建太，池畠義幸，城戸正輝：生活排水処理未整備区域における浄化槽整

　　備事業への転換による経済性評価，浄化槽研究，**29**(1) 1 ～ 9 (2017).

5)　小野理沙子，小川　浩，古村ゆう子，花田和敏，東　俊史，福島友博：GISを活用した集合処理施設管路距離試算システムの開発，用水と廃水，**56**(5)351〜357(2014).

6)　総務省自治財政局編：地方公営企業年鑑第60集，H24.4〜25.3(2013).

7)　国立社会保障・人口問題研究所：日本の地域別将来推計人口，平成25年３月推計(2013).

8)　洲本市：平成25年度版洲本市統計書，平成26年３月(2014).

9)　国土交通省，農林水産省，環境省：持続的な汚水処理システム構築に向けた都道府県構想マニュアル，p.26〜30(2014).

10)　石原光倫，小川　浩，久川和彦，岩堀恵祐：費用関数を用いた集合処理施設の事業費に関する検討，日本水処理生物学会誌，別巻28号，25(2008).

11)　㈱サンスイ提供資料

12)　兵庫県：平成25年度兵庫県の一般廃棄物処理，兵庫県環境整備課資料(2015).

第8章

人口減少社会における
汚水処理事業の課題

8.1　わが国の汚水処理事業の現状

　わが国における汚水処理人口普及率は2016年度末で90.4％であり，人口規模別の内訳は**表8.1**に示すとおりである。人口100万人以上の自治体においてはほぼ100％であるのに対し，人口規模が小さくなるほど普及率は下がり，5万人未満のところでは78.3％にとどまっている。またその内容も100万人以上では下水道によるのに対し，5万人未満では浄化槽の割合も高いという特徴がある。

　わが国における下水道は，高度経済成長期を終えて安定成長期に入るころから管路，処理場・ポンプ場ともに整備が増え続け，1988年頃にピークを迎え，その後減少している。現在の管路総延長は47万km，そのうち50年以上経過した管は約1.3万kmで，今後急増すると予想されている。処理場は約2,200個所あり，そのなかで15年以上経過したところが1,600個所となっている。このように，1970年代から1990年代に多くの投資が行なわれて整備が進み，高い普及率になっているが，今後それらの老朽化が急速に進み更新の必要性が高まってくる。また，経営状況や未整備地区の存在など，事業の規模によってさまざまな課題を抱えている。

　図8.1は汚水処理事業の経費回収率（使用料単価と汚水処理原価の比）を示している。処理区域内の人口密度が低い公共下水道や，特定環境保全公共下水道，集落排水施設，浄化槽など，規模が小さい事業ほど経費回収率が低い傾向にある。その一方で，**図8.2**に示されるように，使用料は小規模あるいは人口密度

表8.1　都市規模別汚水処理人口普及率（2016年度）　　　　　　　　（単位：％）

人口規模	下水道	農集排等	浄化槽	計
100万人以上	99.2		0.3	99.6
50〜100万人	87.4	0.5	5.9	94.0
30〜50万人	84.4	1.0	7.6	93.1
10〜30万人	77.8	2.5	9.5	90.0
5〜10万人	64.7	4.5	15.2	84.8
5万人未満	50.2	8.2	19.5	78.3

出典：環境省・国土交通省・農林水産省調べ
注）都市規模別の各汚水処理施設の普及率が0.5％未満の数値は表記していないため，合計値
　　と内訳が一致しないことがある

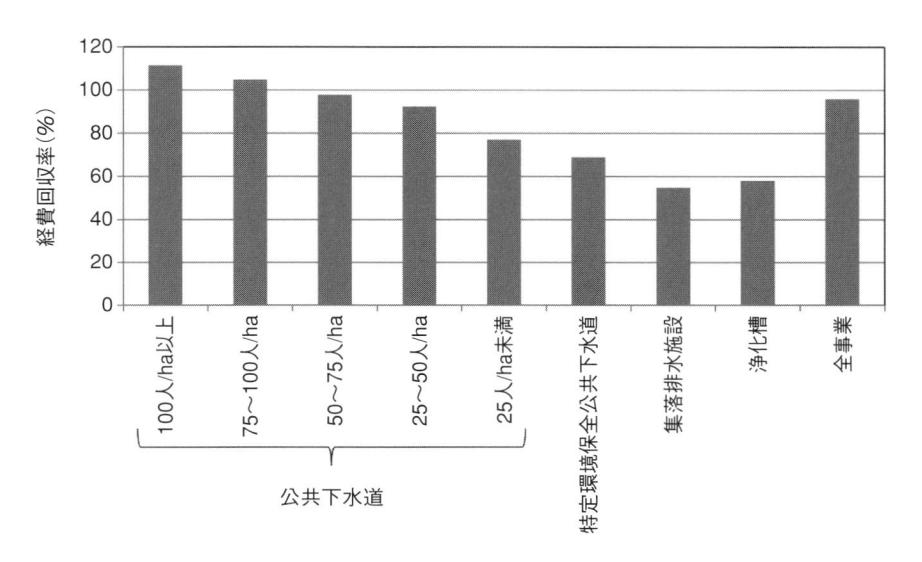

図8.1　汚水処理事業の経費回収率（地方公営企業決算状況調査，2016年度）

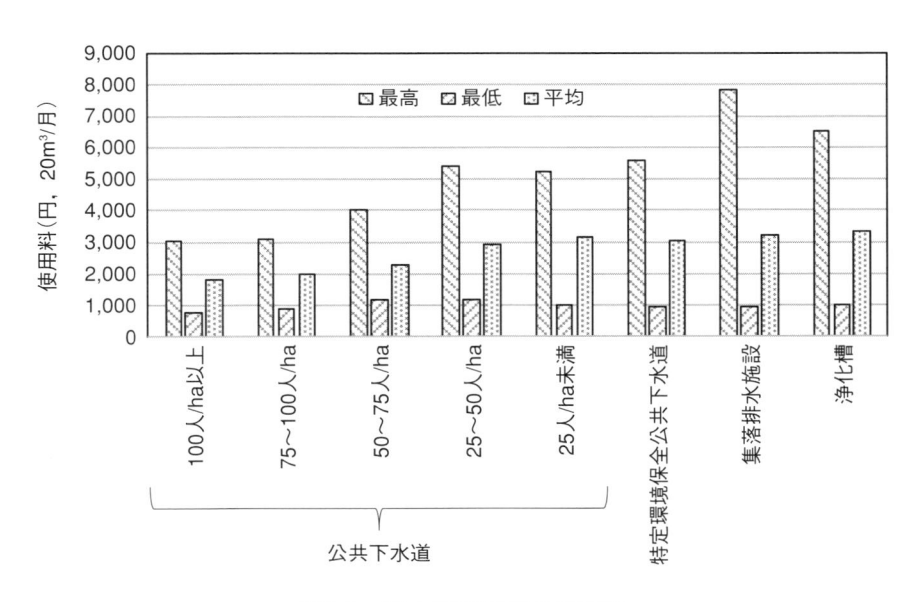

図8.2　汚水処理事業の使用料

表8.2　事業ごとの接続率（2016年度）

事業区分		接続率（加重平均 ％）
	処理区域内人口密度（人／ha）	
公共下水道	100以上	98.9
	75〜100	97.9
	50〜75	93.3
	25〜50	90.4
	〜25	84.6
特定環境保全公共下水道		82.3
集落排水施設		84.7

出展：下水道財政のあり方に関する研究会第2回（2018年5月）資料

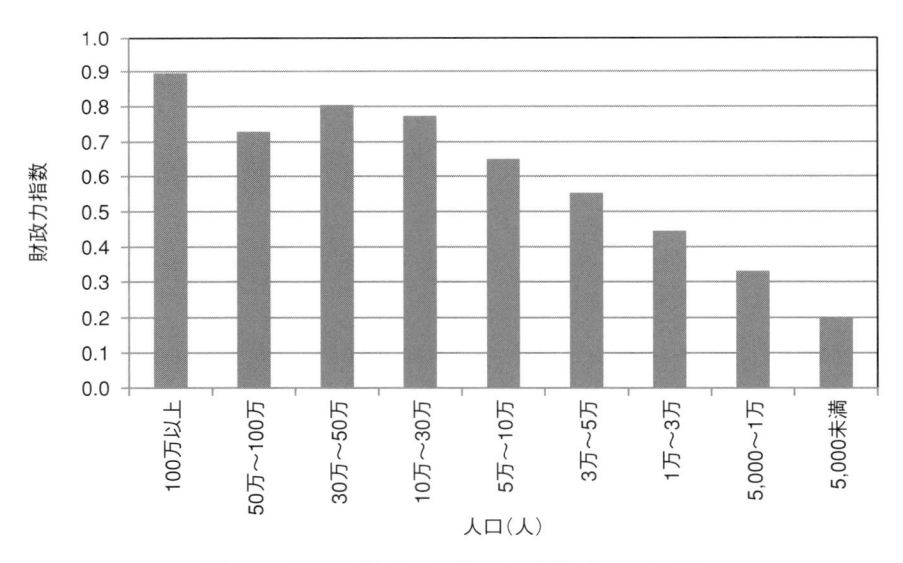

図8.3　市区町村人口別財政力指数（2016年度）

の低い事業ほど事業間の格差が大きくかつ高い傾向にある。

　表8.2は汚水処理事業の規模別の集合処理施設への接続率を示したものである。人口規模の大きい地域の公共下水道では100％に近くなっているのに対し，25人／ha未満の公共下水道や特定環境保全公共下水道，集落排水施設では85％に達しておらず，人口規模により大きな差が認められる。

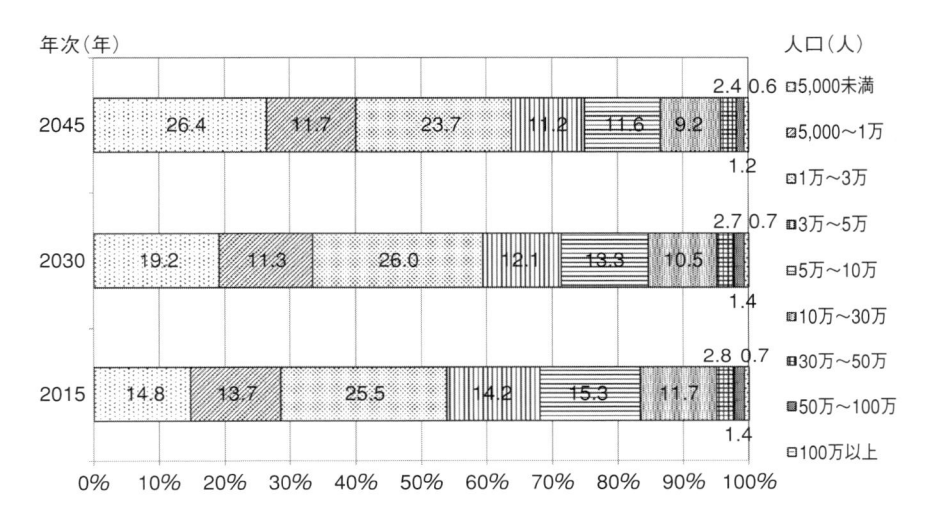

図8.4　人口規模別市区町村割合の推移

　図8.3は人口規模別の市区町村の財政力指数の平均値を示している。人口規模の小さいところほど財政力が弱くなっている。汚水処理事業会計を補塡するために一般会計からの繰入れが行なわれている自治体もあるが，自治体の財政力が弱く，汚水処理事業が負担になっているところもあり，経営の効率化が強く求められる。

　そのようななかで，わが国の人口は減少を始めており，1億2,000万人を超えている現在の人口は2050年を迎える頃には1億人を割り，汚水処理事業にとっては利用者の減少，ひいては料金収入の減少が危惧され，難しい経営環境にさらされていくことが予想される。図8.4は，国立社会保障人口問題研究所が予測する2045年までの人口規模別市区町村割合の変化である。人口30万人以上ではそれほどの変化はないが，人口10万〜30万人，5万〜10万人，3万〜5万人の市区町村数の将来における減少がみられる。これに対して，人口1万〜3万人，5,000〜1万人にそれほどの変化がみられないのは，2015年にこの規模であった市町村の多くが5,000人未満の規模へと変わっているためである。汚水処理事業規模別でみた2010年から2040年までの人口減少率は図8.5のようになる。このように，事業規模が小さくなるほど人口減少が顕著に進むと予想

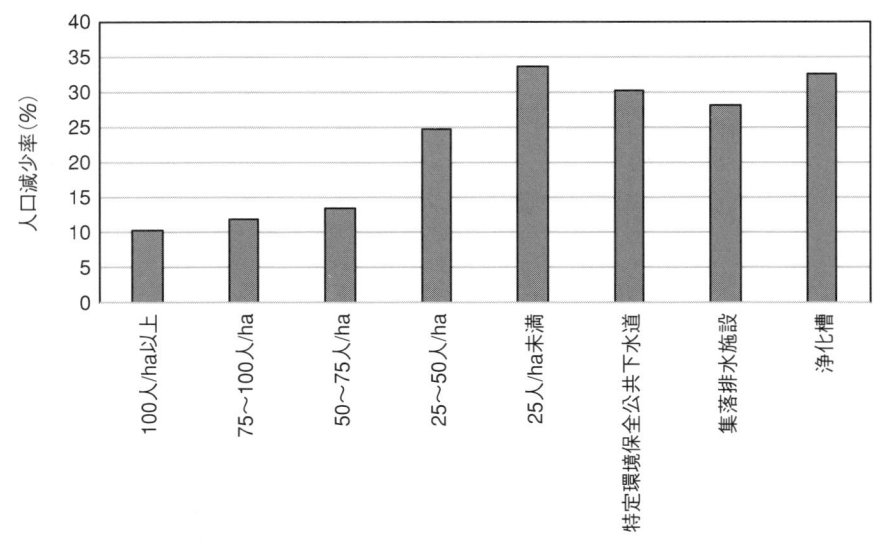

*総務省「下水道財政のあり方に関する研究会 中間報告書」（2018年12月）

図8.5　事業規模別2010年から2040年の人口減少率

される。

　以上のように，概略的には人口規模の大きい大都市部においては汚水処理の普及率が高く，使用料も安価で経費回収率が高い。今後の人口減少も比較的緩やかで，自治体の財政力も安定している傾向にある。これに対し，人口規模の小さいところでは，普及率がまだ低いところもあるうえに，集合処理への接続率も十分ではなく，使用料が高く経費回収率も低い。今後の人口減少も著しく，自治体の財政力も弱い状況にある。このような背景のもとに，以下においては，人口減少との関係を踏まえながら汚水処理事業が抱える課題について考える。

8.2　人口減少時代における汚水処理事業の課題と対応

8.2.1　人口減少時代の汚水処理事業の課題

　現在の集合処理システムにおいて人口が減少した場合に発生すると考えられる問題を図8.6に示す。

　人口減少により利用者が減少する。そのために水道使用量すなわち下水道へ

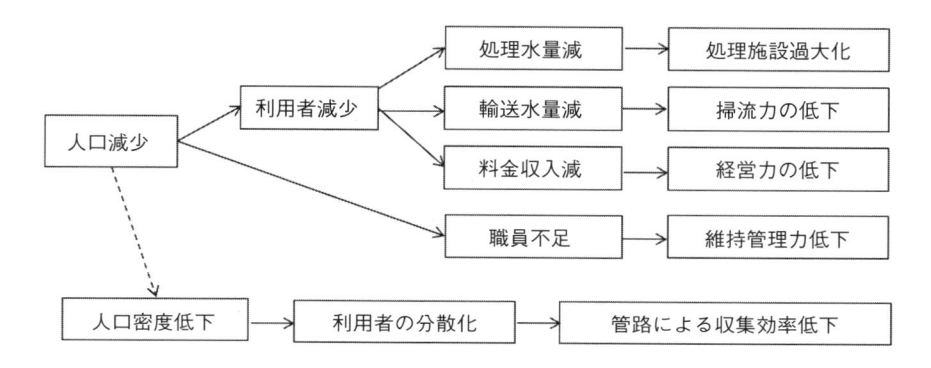

図8.6　人口減少による集合処理における課題

　の排水量が減少する。これにより処理施設において処理される水量が減少し，処理施設の規模が過大になり，ひいては水量当たりの処理コストが増大する。管路内においては流量が減少し，水深や流速が低下する。そのために管内掃流力が低下し汚濁物の管内での堆積が増える。その結果，汚濁物の腐敗による硫化水素の発生を招き，管路の劣化を早めることとなる。

　さらに利用者の減少は料金収入の減少につながり，財務状況が悪化する。下水道事業は固定費用の割合が高いこともあり，水量の減少が維持管理費の低減には結びつきにくい。合わせて，人口減少や財政の逼迫は職員の減少にもつながり，労働力の不足や技術継承の不備を招いて，維持管理力が低下するおそれがあり，難しい事業経営を強いられることになる。

　中小規模事業体においては，処理区域面積当たりの人口が少なくなり，利用者が分散することで，管路ネットワークによる水輸送の効率が低下し，処理システムそのものの見直しが必要になる可能性もある。

　人口減少時代における汚水処理事業の課題について，規模および普及率別に特徴をキーワードで整理してみたものが図8.7である。横軸は人口減少の状況である。現在では一般に人口減少は人口規模の小さい地域においてより顕著であり，またそれは過疎化とも相関が強いことから，「人口減少が小・人口規模が大・過疎化は弱」，「人口減少が大・人口規模が小・過疎化が強」としている。縦軸は整備率で，上段は整備がほぼ終わっているところ，下段が整備途上にあ

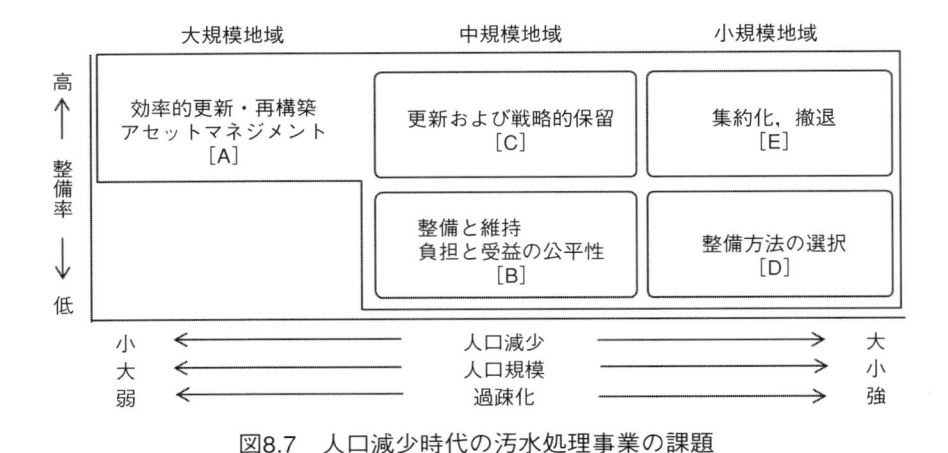

図8.7　人口減少時代の汚水処理事業の課題

るところである。人口規模の大きい自治体ではほとんど整備が終了しており，下段は省いている。

　いずれの人口状態にある地域においても，財政が厳しいなかで，施設の更新や再構築を効率的に進めることが必要である。それに加えて，中小規模の事業体においては人口減少に対して，より一層配慮した取組み方の検討が必要である。大規模，中規模，小規模の定義は明確ではなく，ここでは人口の減少はあってもほぼ現状の都市の形態が今後も続くことを前提にして，汚水処理事業に対する検討が行なえるところを大規模，汚水処理事業を続けるうえで人口減少の影響を考慮せざるを得ないところを中規模，さらに人口が少なく人口減少，過疎化が顕著に進むと予想されるところを小規模としている。そのうえで，汚水処理における種々の課題を，おおまかにこのような事業規模に振り分けて考える。当然，各課題は論じられた人口規模以外のところの課題にもなり得る。

8.2.2　一般的事項および大規模地域の汚水処理事業

　汚水処理人口普及率は2016年度末で90.4％という状況にあり，早くから整備が進められたところでは施設の老朽化が進んでいる。そのようなななかで事業を将来にわたって持続的に運営していくためにアセットマネジメントの重要性が指摘されている。

　2013年に国土交通省から「ストックマネジメント手法を踏まえた下水道長寿

命化計画策定に関する手引き（案）」が示された[1]。そこでは，持続可能な下水道事業の実施を図るため，明確な目標を定め，施設の状況を客観的に把握，評価し，中長期的な施設の状態を予測しながら，下水道施設を計画的かつ効率的に管理することとされている。ここでは下水道事業における施設全体を見通して，将来にわたって適切な施設管理を進めていくことをストックマネジメントとし，さらに，資金や人材のマネジメントも合わせて下水道資産を管理し事業運営を行なっていくことをアセットマネジメントと整理している。このような下水道事業体における，管理体制（人），施設管理，経営管理を一体的に捉えたアセットマネジメント計画を策定することが，新下水道ビジョン[2]においてもうたわれている。

　汚水処理事業の持続的な経営を行なっていくうえで，民間事業のさまざまな能力を活用する官民連携（PPP：Public　Private　Partnership）が進められている。施設の維持管理・運営業務を民間事業者に任せる指定管理者制度，複数の業務や施設を包括的に委託する包括的民間委託，さらには施設の改築や，建設までをも含むDBO方式などがある。また表8.3中に示されるような，資金調達にも民間事業者が関わるPFI（Private　Finance　Initiative）の手法も導入されている。2018年にはPFI法の一部改正，水道法の改正が行なわれ，上下水道事業におけるコンセッション方式の導入が促進されようとしている。

　大規模地域の汚水処理事業（図8.7［A］）においては，今後も現状のシステムの大枠は維持することを前提として，人口減少に対応しながら効率的な事業運

表8.3　汚水処理事業における官民連携

PPP（官民連携）方式		概要
	DBO （Design-Built-Operate）	公共側が資金を調達して，施設の設計，建設，運営を民間事業者に委託
PFI	BTO （Built-Transfer-Operate）	民間事業者が施設を建設し，施設の所有権を公共側に移管，民間事業者が運営
	BOT （Built-Operate-Transfer）	民間事業者が資金調達を行なって施設を建設，契約期間の間，運営，管理を行ない，資金回収後に公共側に施設を移管
	コンセッション方式	所有権を公共側に残して民間事業者に運営権を設定し（民間事業者は対価を払う），民間事業者が直接事業を運営

営を進めていくことに重点が置かれる。そのために処理施設の更新に当たっては、施設の規模縮小や統廃合、さらには周辺中小規模自治体の汚水処理事業との連携、支援などの対策を進めていく。

管路については現状のネットワーク形状を維持しながら流量減に向けてダウンサイジングが必要になることもある。ダウンサイジングに関して、これまで非開削で行なう老朽化した管路の更生工法においては、旧管内に新しい管を形成するために管径が縮小する問題に対し、管壁の粗度の改善により流下能力に影響なしとされてきたが、今後は管径の縮小と管内粗度の改善を流量減少対策として積極的に活用していくことも考えられる。

8.2.3　中規模地域における汚水処理事業

汚水処理整備においては、**表8.1**に示されたように、汚水処理人口普及率は人口規模が小さくなるほど低く、未普及地区を有する汚水処理事業が残っており、今後も整備を進める必要がある（**図8.7**［B］）。下水道整備は長期間にわたるものであり、整備を進めることと並行して初期に整備が行なわれた施設に対しては老朽化の対策を進める必要がある。新規整備においても老朽化対策においても、事業区域内の将来の人口動向を視野に入れ、整備と更新を総合的に考慮してシステムの構築を考えることが必要であろう。

また、整備期間が長期にわたることで、同じ自治体内で下水道が利用できる人と利用できない人との地区間、世代間における格差が生じる。下水道事業の経費は多くの場合使用料収入では賄えておらず、不足分は一般会計からの繰入れに依存している。これは、他の行政サービスに影響を及ぼすことになり住民全体に影響が及ぶ。したがって、整備が長期にわたっているということは地域間、世代間に不公平が生じることであるという点にも留意し[3)4)]、整備の進捗状況や人口の動向、住民の意向などを踏まえて早期の整備を図っていくことが必要である。

2008年に公表された「人口減少下における下水道計画手法のあり方について（案）」（(公社)日本下水道協会）においては、人口減少下においても持続的に適切な整備・管理を行なえるよう計画手法の見直しが必要であるとされている。将来の人口減少を踏まえて、長期的にも集合処理の経済性が担保できるところは下水道重点整備区域として早期の供用を目指し、集合処理の経済性が十分に担

保されないおそれがある区域については，ユニット型処理施設等の導入による小規模分散型処理や合併処理浄化槽による個別処理などにより機動的な整備手法を導入する区域とすることが示されている[5]。

　また，これから整備が進む地域においては，**表8.2**でも示したが，人口減少とともに高齢化が進むなかで，集合処理においては実態として必ずしも接続義務が達成されてはいないことにも目を向けておくことが，経営を考えるうえで重要である[6][7]。

　中規模で汚水処理整備の普及率が高い事業体(**図8.7**［**C**］)では，中長期的視点をもって効率的に更新，再構築を行ない，サービスを維持していくことに重点が置かれるが，大規模都市以上に将来の人口減少の影響に留意した検討が必要になる。ライフサイクルコスト等を考慮して更新計画を立てることは重要ではあるが，それだけではなく，現在のシステムや施設の形態をそのまま維持していくことが適切であるかという視点も必要であろう。人口減少が進むと現在の施設が過大となることもあり，現施設のみのコスト面からみて長寿命化することは，将来も含めた1人当たりの費用負担増になることもあり，事業全体からみた場合には必ずしも適切ではないこともあり得る[8]。ダウンサイジングを早期に行なえばコストの削減が早くからできるが，将来において過大になる期間が長くなり，先延ばしにすれば将来の状況には適合できても，現存の過大な施設を長期間稼働させることになる。人口減少予測の不確かさも合わせて，戦略的な静観，保留と時期をみた事業実施のタイミングをいかにするか，自らの事業の特質をよく見極めた対応が必要になる。

　将来に向けて下水道システムを維持していくために，広域化や共同化など自治体の枠を越えたさまざまな工夫も進められている。2015年の下水道法の改正により，複数の下水道管理者による広域的な連携に向けて協議会制度が創設され，2017年度には，すべての都道府県における2022年度までの広域化・共同化計画の策定が要請されている。流域下水道の汚泥処理施設に単独公共下水道や集落排水処理の汚泥を受け入れる，汚水処理施設を統廃合し共同で処理を行なうなどの，施設の共同化・統廃合，また，処理場の運転管理業務や日常保守点検業務などの複数市町村による民間事業者への共同発注，使用料徴収・会計処理等の事務処理や，維持管理の共同化などにより，コスト削減や人員削減を図

ることができる。

　図8.1において述べたように，大都市を除く多くの汚水処理事業において汚水処理原価が使用料単価を上回っている。また，図8.2にみられるように，小規模な事業体ほど使用料が高いが，増加する高齢者世帯の家計を考えると使用料の大幅な引き上げも簡単ではない。事業費の不足分は一般会計からの繰入金により埋め合わせられており，厳しい財政状況のなかで自治体の財政を圧迫している。汚水処理事業は住民にとって欠かすことができないものであり，財政状況を理由にサービスを低下させたり停止したりできるものではない。持続的に運営していくうえで，自治体の財政全体を含めた将来見通しを立て[9)10)]，上記でも述べたような，適切な経営方策を講じていくことが求められる。

　下水道事業の経営基盤の強化や財政マネジメントの向上にむけて，経営・資産等の状況を正確に把握し，弾力的な経営を進めることができるように，公営企業会計の適用が推進されている。とくに規模が小さい地方公共団体ほど適用率が低くなっており，2019年度までを集中取組み期間として適用拡大の促進が行なわれている。

8.2.4　小規模地域における汚水処理事業

　小規模自治体は中規模以上に人口減少が顕著であり，過疎化も進んでいる。また，先にみたように汚水処理人口普及率は小規模な自治体ほど低く，今後も整備を進める必要があるところも多い（図8.7［D］）。

　8.2.1でも述べたように，人口がまばらであるために管路を布設する集合処理の効率が低くなることが考えられ，集合処理か合併処理浄化槽による個別処理によるか，整備方法の検討がまず必要になる。その選択は整備地区における家屋間距離をもとに検討することになるが，現在は集合処理が有利であっても将来は個別処理が有利になる場合もあり[11)]，現状だけではなく将来の人口減少を考慮して検討を進めることが必要である[12)～14)]。

　集合処理と比べた浄化槽の特徴として，人口が希薄な地域におけるコスト面の優位性だけではなく，大型工事を必要としないので建設期間が短く，投資効果が早く得られること，また地震災害に強いことなどが挙げられている。

　浄化槽は個人がそれぞれの住宅に設置するものであるが，市町村設置型の場合，集合処理と同じように市町村自らが設置し維持管理も行なって，使用料金

を徴収するという形をとる。市町村設置型の浄化槽事業においては，月額使用料は，人槽規模別，世帯人員別，使用水量別のいずれかの方法で徴収されている。世帯人数別や使用水量別の徴収を行なっている場合にはこれからの人口減少が事業財政に影響を及ぼすことも予想される。

　公共下水道，集落排水，浄化槽を組み合わせて汚水処理を行ない，自治体内の汚水処理サービスはどの方式でも同じであるという考え方のもとに，使用料を同じレベルとする福島県三春町で始められた方式も拡がりつつある。

　早期に整備された小規模下水道や農業集落排水施設などは老朽化が進み，更新が必要になってきている（図8.7［E］）。

　農業集落排水施設は，1973年より整備が始まり1995年にピークの474地区の整備が行なわれ，その後減少している。その一方で1993年より更新整備が始まり，近年は新規整備よりも更新整備が多くなっている[13]。

　整備当時と比べて人口が減少し，今後も減少が続くと予想されるところが多くあると考えられる。顕著な人口減少により地域事情が大きく変化するなかで，現存システムの形態を維持したままで更新をするのか，他の処理区域との統合を進め集約化するか，あるいはさらに進めて集合処理から撤退し個別処理に切り替えるかなど，持続的な事業運営を目指して多面的な検討が必要になるであろう。ちなみに，2014年度末までに農業集落排水施設の統合は124地区，農業集落排水施設の公共下水道への接続は194地区において実施されている[13]。

8.3　人口減少社会への対応戦略と汚水処理事業の戦略

　人口減少社会における汚水処理事業の課題と対応を，人口減少・過疎化社会に共通する戦略のもとで改めて整理することで，今後のより広い視野からの検討に供することとする。筆者らは，人口減少，高齢化，過疎化が進む社会が持続していくための新たな地域社会づくりをさまざまな分野で実践的に進めるなかで，人口減少，過疎化などの課題におけるそれぞれに共通的な戦略概念を見出して整理を行なった[15]。

　人口が少なくなっていく状況に対応していく策は「兼業」，「連携」，「分散自立」で整理できる。

　「兼業」とは，個人や組織が二役以上をこなすことをいう。人が役割を分担

する分業が効率的であるとする，人口が多い社会の仕組みを見直し，人が減っても減らない仕事を兼業により乗り切る。郵便局による高齢者の見守りや行政サービスの代行，自家用自動車による有償運送などがその例である。

「連携」とは，地域や組織内で人材を確保できない場合に，外部の人々や組織と連携することである。青年団，消防団の広域化による相互扶助の仕組み，情報通信技術を活用した遠隔医療システムなどが挙げられる。地域に生じた課題を解決するために専門知識を有した人材を外部に求める場合等も，これに当たる。兼業においても述べた地域の拠点としての郵便局の自治体事務の受託，コンビニエンスストアが郵便や宅配のサービスを行なうなど，異業種の連携による兼業の取組みが広がっている。

人の少なさを補う策としての兼業や連携に対し，「分散自立」は個々人の地域への貢献の質を向上させることで，量の少なさによる不利を乗り越えようとするものである。人が少ないゆえの密なコミュニケーションにより，ニーズに即した自立的な地域社会づくりを目指すことや，災害に備えた自助・共助の取組みなどが挙げられる。

過疎化は住む人がまばらになることであり，その戦略としては，「集約化」，「広域化」，「スポット対応」にまとめることができる。

「集約化」は，まばらであるものを集めることをいう。散在するために生ずる非効率性を軽減し，規模の経済を高めることを目指している。コンパクトシ

表8.4　人口減少時代への戦略

戦略	人口減少		
	兼業	連携	分散自立
内容	個人や組織が二役以上	外部と連携して人材確保	個々人の地域貢献の質を向上
地域づくり戦略の例	郵便局の見守りや行政代行サービス 自家用車による有償運送	集落を越えた相互扶助（青年団，消防団など） 遠隔医療システム コンビニ，郵便，宅配などの異業種連携	自助，共助による防災
汚水処理分野	一般職員による管理 維持管理への住民参加	他行政部門との連携 官民連携 事業の共同化	浄化槽を利用し使用者自らによる管理

ティのように人や資源を集める場合，自治機能等の機能を集約する場合などがある。出発地と目的地，時刻などを入力すれば乗り継ぎも含めたバスや鉄道の情報が提供されるサービスは，便数が少ない公共交通の利便性を向上させるための情報の集約化といえる。

「広域化」は，これまで成り立っていた範囲を広げることによって機能を確保することである。救急や消防，廃棄物処理などではすでに自治体の範囲を超えた広域化が行なわれている。今後はさまざまな分野で，行政や組織の枠を超えた広域化が進んでいくものと考えられる。

人が稠密に存在している場合には面的に社会資本やサービスを提供することが行なわれるが，人がまばらな地域ではかえって非効率になる。そこで面的ではなく必要のある場所にその都度応じることが「スポット対応」である。公共交通において，必要とする人の予約により運行するオンデマンドバスや，交通が不便な集落を巡回する移動販売車などがある。個人が情報を簡単に発信できるソーシャルメディアの発達は，スポット対応の可能性を広げていくであろう。

これらを，汚水処理事業におけるものも含めて整理すると表8.4のようになる。

「兼業」については，現在でも中小規模事業体においては技術系職員が得られず，一般行政職員が技術的業務を担当していることもある。今後はさらに人員削減等が進むなかで，専門以外の職員が多くの分野を所掌することになる可

過疎化		
集約化	広域化	スポット対応
まばらなものを集めて効率化	範囲を広げて機能を確保	必要のある場所でその都度対応
コンパクトシティ 公共交通路線情報システム	広域連合（救急，消防，廃棄物処理など）	オンデマンドバス 移動販売車
農業集落排水区域の統廃合， 下水道への接続施設の集中監視	事業の広域化，共同化	ユニット型処理施設 合併処理浄化槽

能性を考えると，情報通信技術の活用等により専門的知識がなくとも対応できる設備やシステムの仕組みが必要となるであろう。集合処理システムの維持管理において，住民も身近な異常をみつけて通報をすることができるように教育を行なうなど，インフラ維持管理への住民参加の仕組みも有効であろう。

　兼業のみでは不十分な場合に，同じ自治体内での他の行政部門との「連携」が考えられる，水道部門との連携，さらに他の部門との幅広い連携もあり得る。上下水道一体となった料金徴収は一般化しており，役所内での組織の上下水道一体化も進んでいる。8.2.2で述べたように民間企業と連携した事業運営の方式も導入されてきている。

　「集約化」は，集合処理区域の統合，集落排水の下水道への接続，さらに行政界を越えて事業の「広域化」を進め，処理施設等施設の共同化，単独公共下水道の流域下水道への接続，維持管理や事務の共同化などを行なうことが該当する。8.2.3で述べた下水道事業の広域化・共同化が，ここでいう「集約化」，「広域化」戦略に当たり，人口減少社会における汚水処理事業の有力な戦略として今後ますます拡がっていくものと思われる。新下水道ビジョンにおいても，既存施設の活用等において行政界を超えた複数の地方公共団体間における広域化・共同化，さらには環境，水道，河川，廃棄物，農林水産業などの他分野との連携を図っていくことへの期待が述べられている。センサー技術や情報通信技術の発達により，散在する多くの施設を集中的に監視するシステムも今後ますます発展し，汚水処理事業の効率化に寄与することが期待される。

　集合的に行なうのではなく必要のあるところにおいて対応する「スポット対応」は，汚水処理においては，ユニット型処理施設や合併処理浄化槽が該当する。集約化や広域化が難しい場合には個別に対応するほうが効率的になる。その実をあげるうえでの「分散自立」の例としては，浄化槽の設置と設置者自らが適切に管理を行なうように促していくことが挙げられる。生活排水の処理だけで対応するのではなく，防災や地域の環境整備など，住民の自助，共助の意識の醸成を図る対策のなかで自立を進めていくことが有効であろう。

　私たちは，これまで経験したことのない急速な人口減少と高齢化が進む社会に向かって，これまで作り上げてきた安全，安心な社会の基盤を維持していかなければならない。汚水処理事業は安全で衛生的な生活環境，自然環境を維持

していくうえで欠かせないものである。いったん停止して時間をかけてつくり直せるかたちのものではなく，機能を維持し利用しながら将来の社会に適合するように持続的に移行していく必要がある。そのためには，これまでの枠組みにとらわれず柔軟な発想で，幅広く英知を結集していくことが求められている。

―参考文献―

1)　国土交通省水管理・国土保全局下水道部：ストックマネジメント手法を踏まえた下水道長寿命化策定に関する手引き（案）　平成25年9月，（http://www.mlit.go.jp/common/001012691.pdf/）(2013).

2)　国土交通省水管理・国土保全局下水道部，(公社)日本下水道協会：新下水道ビジョン～「循環のみち」の持続と進化～(2014年7月).

3)　細井由彦，灘　英樹，増田貴則，赤尾聡史：人口減少後社会への移行過程における下水道事業経営と地域及び世代間負担，土木学会論文集G(環境)，67(7) Ⅲ_577～Ⅲ_585(2011).

4)　灘　英樹，細井由彦，増田貴則，赤尾聡史：財政と住民便益から見た人口減少下における下水道整備の検討，下水協会誌論文集，47(573)135～144(2010).

5)　(公社)日本下水道協会：人口減少下における下水道計画手法のあり方について（案），（http://www.mlit.go.jp/common/001119904.pdf/）(2008).

6)　細井由彦，灘　英樹，増田貴則：人口減少高齢化地域における下水道整備後の家計の接続行動に関する研究，土木学会環境システム研究論文集，35，29～35(2007).

7)　杉本泰亮，細井由彦：人口減少下で段階的整備が進む地域における下水道接続率の評価，土木学会環境工学研究論文集，47，321～328(2010).

8)　細井由彦，増田貴則，赤尾聡史，灘　英樹，高田大資：人口減少が進む小規模事業体における下水道の長寿命化及び更新政策，土木学会論文集G(環境)，68(7) Ⅲ_681～Ⅲ_690(2012).

9)　細井由彦，灘　英樹，増田貴則，赤尾聡史：公共財の供給を含む一般会計を考慮した人口減少高齢化社会における下水道事業経営，土木学会環境工学研究論文集，46，165～174(2009).

10)　細井由彦，増田貴則，赤尾聡史，麻本裕也：人口減少高齢化構造からみた一般行政サービスの受益と負担を考慮した汚水処理事業経営，土木学会環境システム研究論文集，37，145～152(2009).

11)　細井由彦，上地　進：人口減少を考慮した汚水処理施設整備方法の検討，土木学会環境工学研究論文集，44，207～215(2007).

12)　国土交通省，農林水産省，環境省：持続的な汚水処理システム構築に向けた都道府県構想策定マニュアル 平成26年1月）(http://www.mlit.go.jp/common/001028145.pdf/）(2014).

13)　農林水産省農林振興局整備部地域整備課：農業集落排水施設再編計画作成の手引き（案）

平成28年 8 月（http://www.maff.go.jp/j/nousin/sekkei/nn/n_nouson/syuhai/attach/pdf/170303-2.pdf/）（2016）.

14）小川　浩，細井由彦，城戸由能，関川貴寛，奥村早代子，榑林茂夫：人口減少を踏まえた生活排水処理施設整備評価システムの構築，用水と廃水，**54**(3)52〜59(2012).

15）鳥取大学過疎プロジェクト：過疎地域の戦略　新たな地域社会づくりの仕組みと技術（谷本圭志，細井由彦編），学芸出版社，京都(2012).

おわりに

　人口減少・高齢化，さらには社会資本インフラの老朽化という社会情勢が，人口オーナスとしてさまざまな分野に影響を及ぼしており，公共事業についても同様である。当初，ほとんどの事業が人口減少を考慮していなかったため，事業完成後に人口が減少し，便益の発現効果が得られず，非効率な事業へとつながりつつある。

　いくつかの公共事業のうち，下水道事業では，処理施設の規模の不整合と質的劣化が進むなか，インフラクライシスが発生し，更新の早期実施が必要とされているが，予算不足と将来の人口減少の推定から他の事業への切り替えも検討しなければならない。また，2016年度末の汚水処理人口普及率は90.4％まで達成されてきたが，いまだ1,200万人が未整備の状況である。

　このような背景のなかで，本書では近年の社会現象を踏まえた経済性，効率性を考慮し，残された未整備区域に一刻も早く汚水処理施設を整備するために，個別処理の代表的システムとしての浄化槽に視点をおき，論じてきた。しかし，単独処理浄化槽（みなし浄化槽）の合併処理化という浄化槽分野で最大の課題について，ほとんど触れていないため，最後に単独処理浄化槽の問題とともに浄化槽に関して行政の側で進めるべき台帳整備の課題を簡単に触れる。

浄化槽設置基数の推移

　浄化槽法が1983年に制定されて36年間が経過し，その間に種々の改正が行なわれ，浄化槽の総設置基数は約760万基となっている[1]。その内訳は，単独処理浄化槽が400万基，合併処理浄化槽が360万基であるが，浄化槽法制定以前から設置されていたこともあり，単独処理浄化槽が合併処理浄化槽よりも多い状況である。過去16年間の推移をみても，図1に示すように2001年度から2016年度までの浄化槽設置基数をみると，合併処理浄化槽は年度ごとに増加し，単独処理（みなし）浄化槽は年々減少しているが，2016年度の総設置基数7,589,176基のうち，52.6％が単独処理浄化槽である。単独処理浄化槽は，2000年に新設が禁止され[2]，さらに自治体の施策によって公共下水道への接続による廃止，あ

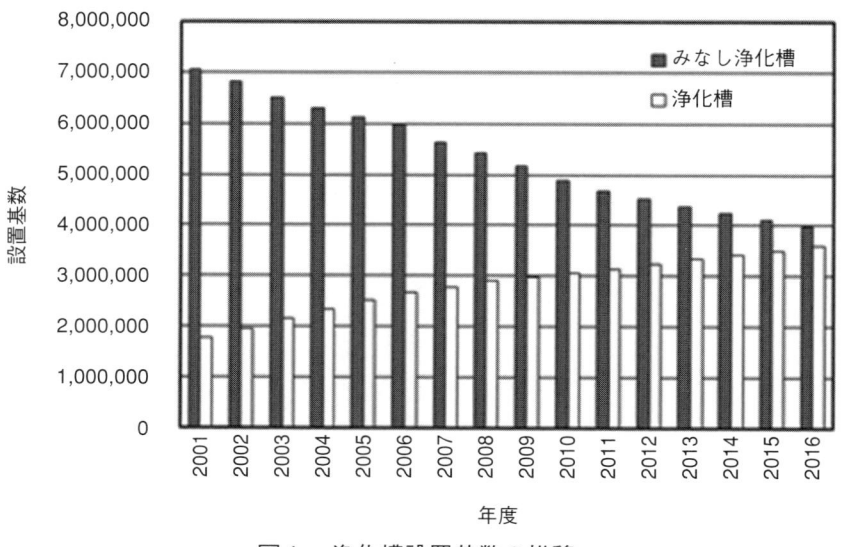

図1　浄化槽設置基数の推移

　るいは単独処理浄化槽から合併処理浄化槽への転換が進められているが，今の
ペースでは，2040年代においても170万基が残ると予測されている[3]。また，汚
水処理人口別にみても，未処理人口1,810万人の50％以上が，単独処理浄化槽
が設置されている世帯である[4]。

　浄化槽が個別処理としての位置付けとなっている現在，この単独処理浄化槽
が残存し続けることは，生活雑排水の未処理放流が継続され，水環境保全上，
さらには汚水処理行政上でも著しい影響を及ぼしていることから，早期に合併
処理浄化槽へ転換されるべきである。

単独処理浄化槽の合併処理浄化槽への転換策

　国や地方自治体では，単独処理浄化槽の合併処理浄化槽への転換を促進させ
るため，従来の補助金に上乗せし，増額措置を講じてきたが，転換の加速化が
進んでいるとはいいがたい。たとえば，図2に示すように，単独処理浄化槽は
年々減少しつつも，この減少率では今後30年経過しても130万基が残存すると
予測される。

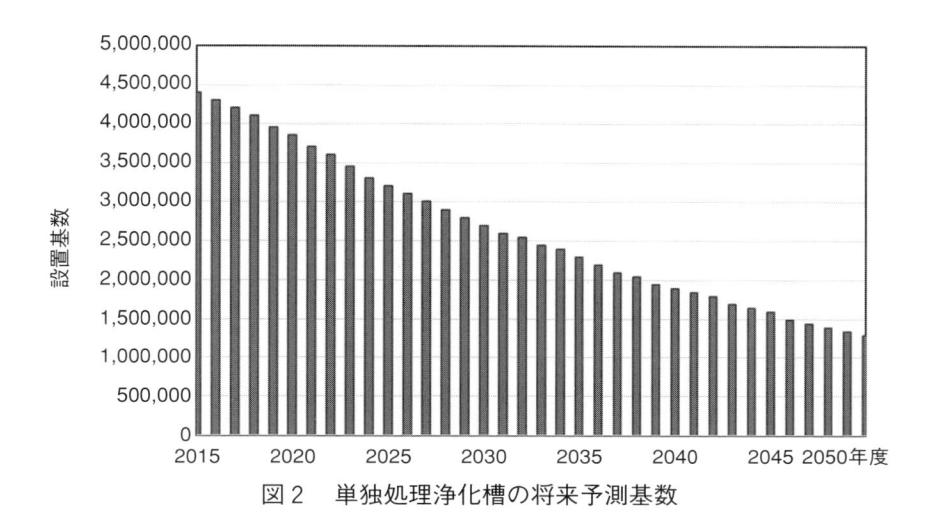

図2　単独処理浄化槽の将来予測基数

　また，小川[5]が単独処理浄化槽使用世帯（100世帯）を対象に実施したアンケート調査およびヒアリングにおいて，回答者の合併処理浄化槽に対する意見は以下のとおりであった。

①処理性能はよく，快適な生活環境が得られる。（66%）

②地震に強い。（30%）

③設置費および維持管理費が単独処理浄化槽と比較して高額である。（58%）

④必ずしも合併処理浄化槽への転換を希望していない。（35%）

⑤すでにトイレの水洗化が済んでいる。（20%）

⑥現状に不満を感じていない。（25%）

　また，ヒアリングでは，①現在の維持管理費より高額になるようだったら今のままでいいと感じる，②不自由していないので，家計の負担になるようなことはしたくない，③夫婦で暮らしているが，後継ぎがなく，転換に対して複雑な気持ち，近所がすべて実施しなければ効果がない，④浄化槽の時代ではない，公共下水道を市全域に整備する方向で進めるべきである，などの意見が述べられた。このように，水環境の保全上，合併処理浄化槽への転換の必要性に一定の理解を示してはいるものの，維持管理費の増額，すでに水洗化が完了しており，新たな利便性が少ない，高齢化や住宅の後継ぎ不在なども転換に踏み切れ

ない要因であることが明らかとなった。すなわち，補助金の増額だけでは加速化が困難と考えられる。

さらに，技術的対応についても，既設単独処理浄化槽を活用し，合併処理浄化槽へ改造する手法も検討されており[6]，この他にも膜分離技術を適用した改造実験も行なわれている。これらの手法では，既設単独処理浄化槽を撤去せずそのまま活用することで，放流水質の点からみて合併処理浄化槽への転換，あるいはレベルまで機能向上が行なわれ，1つの利便性が確保できると考えられる。

浄化槽の履歴

浄化槽法では，浄化槽設置届，使用開始届，廃止届，保守点検および清掃の記録の保存について規定しているが，これらを網羅した浄化槽台帳の作成が義務付けられていない。一方，下水道事業では，下水道法第23条で台帳整備を規程している。そのため，浄化槽台帳が整備されている自治体は少なく，浄化槽の設置，維持管理のより正確な実態把握が困難である。処理性能が下水道と同等であっても，システム全体としては下水道と同等とはいえない。そのためにも，台帳整備を法規制化することも一案であり，さらに業界が所有している台帳とリンクさせることによっても（もちろん，セキュリティ対策を課したうえで）実態に即した浄化槽台帳が整備されると考える。

本書で論じてきたように，汚水処理人口普及率を進捗させていくために公共下水道をはじめとする集合処理では，人口減少という社会情勢に対応していくことが厳しい状況下であり，個別処理としての浄化槽が有効かつ効率的な役割を果たすことにつながる。人口減少さらには空き家件数も増えている昨今では，集合処理および個別処理のいずれも影響を及ぼすことになる。しかし，個別処理の場合，空き家になれば浄化槽の使用を中止することによって電力費を含む維持管理費はゼロになり，費用負担が大幅に抑えられ，集合処理よりも経済的有利に作用することも個別処理のメリットである。

現在，2019年度に浄化槽法の一部改正を行なうことが検討されているところであるが，そのおもな目的に「都道府県知事は，既存単独処理浄化槽について，損傷，腐食，その他の劣化が進み，そのまま放置すれば生活環境の保全及び公

衆衛生上重大な支障が生ずるおそれのある既存単独処理浄化槽の除却その他の措置を勧告することができること。」がある[7]。すべての単独処理浄化槽を対象としているわけではないが，前述したように，水洗化が済んでいる住宅では生活に不便がないことから合併処理浄化槽への転換に踏み切らないことが多く，転換の促進を妨げており，制定されれば単独処理浄化槽を一掃する一助になると考えられる。

　下水道が普及し，浄化槽がなくなる，今後どうなるのかといわれた当時，浄化槽業界の努力や積極的な活動によって，ここまで浄化槽を生活排水処理システムとしての地位を確保してきたことをもう一度再現したいと願っている。行政および関連業界などが一丸となって，単独処理浄化槽の合併処理浄化槽への転換を含め，汚水処理未普及人口解消での主力事業として進んでいただくことを強く期待する。

―参考文献―

1)　環境省：平成29年度浄化槽の指導普及に関する調査結果，平成30年3月，環境省棄物・リサイクル対策部浄化槽推進室（2018）.

2)　小川　浩，佐々木裕信，石原光倫，岩堀恵祐：わが国における浄化槽の普及とその史的背景―2.　良好な水環境を創出する浄化槽の展開へ向けて―，用水と廃水，**50**(12)43〜50（2008）.

3)　小川　浩：市民から見た生活排水処理施設整備計画と課題，第21回日本水環境学会シンポジウム講演集，53〜54（2018）.

4)　環境省浄化槽推進室，エム・アール・アイリサーチアソシエイツ㈱：平成28年度浄化槽普及戦略の策定に向けた調査検討業務報告書，p.23〜27（2017）.

5)　小川　浩：市民から見た生活排水処理施設整備計画と課題，身近な自然を見る・観る・診る〜その実践と課題〜（身近な生活環境研究委員会），第21回日本水環境学会シンポジウムム講演集，43（2018）.

6)　小川　浩，五十嵐幸一，秋田貴彦，木村俊哉：単独処理浄化槽から合併処理浄化槽への改造技術と処理性能評価，用水と廃水，**59**(8)55〜60（2017）.

7)　(一社)全国浄化槽団体連合会：浄化槽法改正案骨子（案）（http://www.zenjohren.or.jp/top/2019Feb/ref/20190218-frame.pdf）（2019）.

●編著者

小川　　浩（おがわ　ひろし）

1977年　東京理科大学理学部化学科卒業
2005年　静岡県立大学大学院生活健康科学研究科
　　　　博士後期課程修了
1981～2010年　㈶日本環境整備教育センター
2010年～現在　常葉大学社会環境学部教授
　　　　　　　博士(環境科学)，技術士(衛生工学)

浄化槽を活用した汚水処理事業
　—人口減社会に対応した生活排水対策—　　定価はカバーに表示しております

2019年3月25日　第1版1刷発行　ISBN978-4-87912-031-1　C3036　¥4500E

編著者　小　　　川　　　　　浩
発行人　篠　　　田　　　　　真
発行所　**株式会社 産 業 用 水 調 査 会**
　　　　東京都渋谷区千駄ケ谷5-20-11
　　　　電　話　　03(3354)0 1 5 0
　　　　F A X　　03(3354)0 0 9 6
　　　　振替口座　　東京 00180-2-60086

不許複製転載　　　　　　印刷所　日 経 印 刷 株 式 会 社